波のはなし
科学の眼で見る日常の疑問

稲場秀明 著

技報堂出版

書籍のコピー，スキャン，デジタル化等による複製は，
著作権法上での例外を除き禁じられています．

まえがき

　海の波は風によって発生し，沖合から次から次へと進んできて，波打ち際で白い
しぶきを見せながら砕けます．静かな池にカエルが飛び込むと，カエルが落ちた場
所の水が沈んで周囲の水面が盛り上がって波となり同心円状に広がります．これら
の波は目で見ることができますが，目に見えない波もあります．

　音は目には見えませんが，耳には聞こえる波です．私たちが「ああ」と叫ぼうと
口を開け声帯を振動させると，声帯の振動が口腔内で共振して空気の粗密が発生，
音波となって空気中を伝わります．音波は近くにいる人の耳の鼓膜を振動させて「あ
あ」という音として認識させます．地震の波も見ることはできませんが，地殻を伝
わるので震源から近い場合はその振動を感じることができます．紫外線や赤外線は
見ることはできませんが，これらは電磁波という波です．人体からは赤外線が出て
いるので，照明のついていないトイレに入ると赤外線センサが働いて照明がつきま
す．光（可視光線）も電磁波の一種で，見かけは波のようには見えませんが，空が
青く見える理由も夕焼けが赤く見える理由も光が波であることで説明できます（そ
の内容については本書で触れていませんが，『空気のはなし―科学の眼で見る日常
の疑問』では詳しくのべています）．私たちが日ごろ認識している色は，電磁波の
波長が違う情報を網膜にある視細胞で感知しているためです．電波も電磁波の一種
で見ることも感じることもできませんが，電波が届くお陰で私たちはテレビを見た
り，携帯電話で話すことができます．

　このように，波にはいろいろ性質の違うものがありますが，波長，振動数，振幅，
速度などを持っていて，同じ波動の式で表せるという点で共通しています．また，
波には反射，屈折，干渉などがあるという点でも共通しています．

　第 1 章は，波の基本的な性質と式を示し，波に共通な点を紹介します．第 2 章
は水面波で，波の生成，発達，消滅までの波の一生，また波の高さ，速さなどの決
まり方などについて紹介します．第 3，4 章は，地震の発生の仕方，地震波の解析
による地球の内部構造の決定方法，東日本大震災および阪神淡路大震災の発生原因
と被害，今後予想される東南海地震や首都直下地震の被害想定も紹介します．第 5，
6 章は音波と超音波で，音や超音波の出方，人の声や楽器の音色，魚群探知機や超
音波診断の仕組みなどを紹介します．第 7 章は電波で，ラジオ，テレビ，携帯電話，
レーダーの仕組みなどを紹介します．第 8 章は赤外線で，赤外線カメラ，赤外線通信，

《 *ii* 》

放射温度計の仕組みなどを紹介します．第9章は可視光線で，可視光線しか見えない理由，光や色の3原色，白熱電球，蛍光灯，LED照明の仕組みなどを紹介します．第10章は紫外線で，紫外線の健康被害や殺菌作用，UV印刷などを紹介します．第11章はX線とガンマ線で，それらの性質と医療への応用を紹介します．

　本書は疑問形で書かれた問題に関して解説していますが，初めから順に読み進めてもよいし，関心がある話題について拾い読みしてもよいようになっています．したがって，どこから読み進めても結構です．また，解説の終わりには「まとめ」を数行で書いています．疑問形で書かれた問題に関する回答を自分で考えて「まとめ」と比較するのもよいし，解説を読んで自分が理解した内容を「まとめ」と比較してみるのもよいかも知れません．

　若者の読書離れ，理科離れが言われる今日，日常の何気ない現象に目を留め，「なぜ？」という疑問を持つこと，そして子どもが発信してくる疑問に大人が答えることができることが求められます．その答え方しだいで子どもたちは自然や身近で経験する現象に対する関心を深め，好奇心を広げ，世界の広がりと奥深さを感ずるに違いありません．

　人生には波があるとよく言われます．波 … 調子の良いときと悪いとき，運の良いときと悪いときはだいたい交互にやってきます．サッカーの試合で，こぼれ球が相手にばかり拾われるときもあれば，味方の足元にばかり転がってくるときもあります．問題は，嫌な流れのときを耐え抜いて，いい流れのときを得点に生かせるかどうかです．ウインドサーフィンは波を乗りこなすスポーツです．腕の立つサーファーは自分が乗れる波と乗れない波を見極めます．彼は危険な波には乗らず，次にくる波が自分にとって良い波であるかどうかを判断します．そして，自分にとって最高の波を乗りこなす楽しさを味わうのです．人生にはどん底のときもありますが，そのときをじっと耐え抜く心の強さがあるかどうかが問われます．どん底のときでも将来への希望を持ち続けられる人は強い人です．そういう人は，やがてやってくるチャンスを生かすことができるでしょう．

　本書で扱う「波」にはいろんな種類の波があります．読者の皆さんには，自分が興味を持てそうな「波」から読み進められることをお勧めします．そして，その「波」を理解したときに，別の「波」も読もうとする意欲が湧いてくることでしょう．そして，読み終わって自分に得られるものがあったと思うとき，その人の興味と関心が広がり，いろんな事柄に挑戦しようとする意欲が湧いてくるに違いありません．何かに挑戦しようとする意欲 … これは人がどんな年齢，どんな境遇であっても持

ち続けるべき課題であります．

　「科学の眼で見る日常の疑問」という視点は，筆者が転職して千葉大学教育学部に勤務しはじめた当初から教員を目指す学生に求めた視点でした．当時の稲場研究室に属した学生諸君の一部には卒論でも自ら疑問を見出し，それについて調べて発表してもらいました．本書を出版することができたのは，当時の研究室での議論での問題意識が基礎になっています．当時の共同研究者であり現在千葉大学教育学部准教授の林英子さんおよび当時の学生諸君に感謝したいと思います．

　本書の出版を認めくださり有益なコメントをいただいた技報堂出版（株）編集部長の石井洋平氏および直接編集に携わってくださり有益な助言をいただいた同社編集部の伊藤大樹氏に深く感謝したいと思います．

　2018 年 11 月

稲場秀明

《 iv 》

《著者紹介》

稲場 秀明（いなば・ひであき）

1942 年	富山県滑川市生まれ
1965 年	横浜国立大学工学部応用化学科卒業
1967 年	東京大学工学系大学院工業化学専門課程修士修了
同　年	ブリヂストンタイヤ（株）入社
1970 年〜	名古屋大学工学部原子核工学科助手，助教授を経る
1986 年	川崎製鉄（株）ハイテク研究所および技術研究所主任研究員
1997 年	千葉大学教育学部教授
2007 年	千葉大学教育学部定年退職

工学博士

主な著書

温度と熱のはなし―科学の眼で見る日常の疑問，大学教育出版，2018

色と光のはなし―科学の眼で見る日常の疑問，技報堂出版，2017

水の不思議―科学の眼で見る日常の疑問，技報堂出版，2017

エネルギーのはなし―科学の眼で見る日常の疑問，技報堂出版，2016

空気のはなし―科学の眼で見る日常の疑問，技報堂出版，2016

氷はなぜ水に浮かぶのか―科学の眼で見る日常の疑問，丸善，1998

携帯電話でなぜ話せるのか―科学の眼で見る日常の疑問，丸善，1999

大学は出会いの場―インターネットによる教授のメッセージと学生の反響，
　大学教育出版，2003

反原発か，増原発か，脱原発か―日本のエネルギー問題の解決に向けて，
　大学教育出版，2013

趣味はテニスと囲碁

千葉市花見川区在住（hsqrk072@ybb.ne.jp）

《 *v* 》

目　次

第1章　振動と波　1

1 話　波とは？ ----------------- *2*

2 話　縦波と横波はどう違うか？ ----------------- *4*

3 話　波の振幅，波長，速度は？ ----------------- *6*

4 話　波が衝突したらどうなるか？ ----------------- *8*

5 話　波の反射はどのように起こるか？ ----------------- *10*

6 話　波はなぜ屈折するのか？ ----------------- *12*

7 話　いろんな種類の波の特長は？ ----------------- *14*

コラム　波をつくるエネルギー ----------------- *16*

第2章　水　と　波　17

1 話　波は水面にどのように発生するのか？ ----------------- *18*

2 話　水面波はなぜ縦波でも横波でもないのか？ ----------------- *20*

3 話　海の波はどのように発達し減衰するか？ ----------------- *22*

4 話　海の波は深さが違うとどのように影響するのか？ ----------------- *24*

5 話　海の波は海岸にどのように押し寄せるか？ ----------------- *26*

6 話　波の高さはどのように決まるか？ ----------------- *28*

7 話　波の速さはどのように決まるか？ ----------------- *30*

コラム　砕　　波 ----------------- *32*

第3章　地震波と地球の内部構造　33

1 話　地震波はどのように発生するか？ ----------------- *34*

2 話　地震波で地球の固有振動がどのようにわかるか？ ----------------- *36*

3 話　地震波の屈折からどのような情報が得られるか？ ----------------- *38*

4 話　地球の内部構造はどうなっているか？ ----------------- *40*

5 話　地球内部の温度・圧力と力学的性質は？ ----------------- *42*

コラム　地震波トモグラフィー ----------------- *44*

《 vi 》

第4章　地殻変動と地震・津波　　45

1 話　地殻とマントルはどのように変動しているか？ ---------------- 46
2 話　プレートテクトニクスとは？ ---------------- 48
3 話　地震はどのようにして起こるか？ ---------------- 50
4 話　津波はどのようにしてやってくるか？ ---------------- 52
5 話　阪神・淡路大震災はどのようにして起きたか？ ---------------- 54
6 話　東日本大震災はどのようにして起きたか？ ---------------- 56
7 話　東日本大震災ではどのような津波が襲ったか？ ---------------- 58
8 話　首都直下地震はどのように想定されているか？ ---------------- 60
9 話　東南海地震はどのように想定されているか？ ---------------- 62
10話　地震による液状化現象とは？ ---------------- 64
11話　制震と免震の方法は？ ---------------- 66
コラム　首都直下地震のときあなたはどうするか？ ---------------- 68

第5章　音　　波　　69

1 話　音叉を弾くとどうして音が聞こえるか？ ---------------- 70
2 話　稲妻が光った後になぜ音が遅れて聞こえるか？ ---------------- 72
3 話　音色は何によるか？ ---------------- 74
4 話　楽器はどのようにして特徴的な音を出すか？ ---------------- 76
5 話　人の声はどのようにして出るか？ ---------------- 78
6 話　人はどのようにして音を聞き分けているか？ ---------------- 80
7 話　補聴器でどのようにして音を聞き取れるか？ ---------------- 82
8 話　スピーカーとマイクロフォンの仕組みは？ ---------------- 84
9 話　騒音とその対策は？ ---------------- 86
10話　遮音，吸音，消音とは？ ---------------- 88
11話　人の声はどのようにして録音・再生できるか？ ---------------- 90
12話　山びこの声はどうして戻ってくるか？ ---------------- 92
13話　救急車が通り過ぎると音が変わるのはなぜか？ ---------------- 94
コラム　コンサートホールの音響 ---------------- 96

第6章　超　音　波　　97

1 話　超音波とは？ ---------------- 98

目　次　《vii》

2 話　魚群探知機の仕組みは？ ---------------------- 100

3 話　超音波探傷器の仕組みは？ ---------------------- 102

4 話　超音波診断の仕組みは？ ---------------------- 104

5 話　超音波洗浄機の仕組みは？ ---------------------- 106

6 話　超音波溶接・溶着の仕組みは？ ---------------------- 108

7 話　超音波を用いた手術とは？ ---------------------- 110

8 話　コウモリはどのように超音波を利用しているか？ ---------------------- 112

9 話　イルカやクジラはどのように超音波を利用しているか？ ---------------------- 114

コラム　超音波モータ ---------------------- 116

第7章　電　波　　117

1 話　電波とは？ ---------------------- 118

2 話　直進する電波がなぜ地球の裏側に届くか？ ---------------------- 120

3 話　アンテナはどのように働くか？ ---------------------- 122

4 話　ラジオ放送の仕組みは？ ---------------------- 124

5 話　テレビ放送の仕組みは？ ---------------------- 126

6 話　携帯電話の仕組みは？ ---------------------- 128

7 話　レーダーの仕組みは？ ---------------------- 130

8 話　気象レーダーの仕組みは？ ---------------------- 132

9 話　盗聴の仕組みは？ ---------------------- 134

10 話　電子レンジの仕組みは？ ---------------------- 136

コラム　電波時計 ---------------------- 138

第8章　赤 外 線　　139

1 話　赤外線とは？ ---------------------- 140

2 話　赤外線カメラの仕組みは？ ---------------------- 142

3 話　赤外線通信とは？ ---------------------- 144

4 話　赤外線レーザーとは？ ---------------------- 146

5 話　放射温度計とは？ ---------------------- 148

6 話　赤外線サーモグラフィとは？ ---------------------- 150

コラム　赤外線を用いた警備・防衛システム ---------------------- 152

《 *viii* 》

第9章　可視光線　　153

1 話　ヒトはなぜ可視光線しか見えないか？ ----------------------- *154*
2 話　光がプリズムでなぜ7色に分かれるか？ ----------------------- *156*
3 話　光の3原色とは？ ----------------------- *158*
4 話　色の3原色とは？ ----------------------- *160*
5 話　白熱電球の光はなぜ赤みがかって見えるのか？ ----------------------- *162*
6 話　蛍光灯はどのように光るのか？ ----------------------- *164*
7 話　発光ダイオードはどのように光るのか？ ----------------------- *166*
8 話　発光ダイオードはどのように利用されるのか？ ----------------------- *168*
コラム　光と色を感じる仕組み ----------------------- *170*

第10章　紫外線　　171

1 話　紫外線とはどんな光か？ ----------------------- *172*
2 話　紫外線の健康被害は？ ----------------------- *174*
3 話　紫外線の殺菌作用は？ ----------------------- *176*
4 話　紫外線式火災報知器とは？ ----------------------- *178*
5 話　UV印刷とは？ ----------------------- *180*
コラム　日焼け ----------------------- *182*

第11章　X線とγ線　　183

1 話　X線とは？ ----------------------- *184*
2 話　X線の医療への応用は？ ----------------------- *186*
3 話　γ線とは？ ----------------------- *188*
4 話　γ線の医療への応用は？ ----------------------- *190*

第 **1** 章

振動と波

海の波は目に見えるが，見えない波も
ある．音波は見えないが耳には聞こえ
る波，地震波は振動を感じる波，電
波は感じることはできないが有用な波，
光には見える波と見えない波があり，X
線やγ（ガンマ）線はエネルギーの大
きな波である．この章では，種々の波
に共通な波動の式を波長，振幅などを
使って表現し，さらには波の反射，屈
折，干渉など波に共通した性質を紹介
する．

1話 波とは？

波といえば，私たちは海の波を思い浮かべる．海を眺めていると，沖合から次から次へと波が進んできて波打ち際で砕ける．また，静かな池に小石を投げ込むとそこから同心円状に波が発生する．波ができるためには発生源が必要で，海の波はほとんどの場合は風，池の波の場合は小石が発生源である．

これらの波は目で見ることができるが，目に見えない波もある．音は目には見えないが耳には聞こえる波である．太鼓を叩くと，太鼓の皮が振動し，空気の粗密が発生する．空気の粗密は，音波（空気の粗密波）となって空気中を伝わり，耳の鼓膜を振動させ，聴覚器を経て脳の聴覚野で認識する．

地震の波も見ることはできないが，地殻を伝わるのでその振動を感じることができる．

電波や紫外線，赤外線は電磁波という波である．これらは見ることも感じることも普通はできない．しかし，電波が届くお陰で，携帯電話で話すことができる．人体から出ている赤外線を赤外線センサが感知して照明がついたりする．

光（可視光線）も電磁波の一種で，波のようには見ることはできないが，空が青く見える理由も夕焼けが赤く見える理由も光が波であることで説明できる．

図 1-1 のように上部に固定されたバネについた重りを引っ張ると，重りはバネの自然の位置（平衡点）を中心として振動を始める．このような振動を単振動と言う．このとき，重りの位置の変位 y を縦軸に時間 t を横軸に取ると**図 1-2** に示すような正弦波で近似できる．また，一端が固定された長い紐の反対側の端を持って上下の往復運動をさせると**図 1-2** のような波の形が現れる．そのとき，ある時間における変位 y の紐の方向の位置 x の変化も，ある紐の位置における時間 t における変化も同じように**図 1-2** に示すような正弦波で表せる．

図 1-2 の y-x グラフにおける山と山の間の距離を波の波長（λ）といい，山の高さを振幅（A）という．y-t グラフにおける山と山の間の距離を波の周期（T）という．1秒間に f 回正弦波中の1点が現れると振動数 f は，$f=1/T$ と定義される．f の単位は 1/秒であるが，Hz も同じ単位である．波の波形における位置 x と時間 t と，その地点での変位 y の

図 1-1 バネの振動

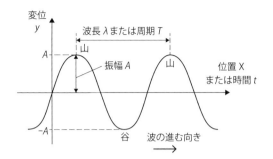

図 1-2 波の変位とその位置または時間変化

関係は次式で表せる．

$$y = A\sin\{360°(t/T - x/\lambda)\} \tag{1-1}$$

図 1-2 または式（1-1）で表されるような周期的に変化する現象において，全過程中の位置を示す量を位相と言う．式（1-1）での位相は $\{360°(t/T-x/\lambda)\}$ である．

波の位相は $360°$ で 1 周するが，1 周するのに時間では T 秒かかり，距離では λ だけ進むのに相当することをこの式で確かめることができる．波には海の波から音波，超音波，地震波，X線，紫外線，可視光線，赤外線，電波などいろんな種類があるが，式（1-1）で示すような波長，振動数，振幅などで記述できる点では共通している．

> **まとめ** 波は振動源があってそれが媒質中を伝わって行くものである．波には海や池の波だけでなく，音波，超音波，地震波，紫外線，可視光線，赤外線や電波などもある．波には見える波も見えない波もあり，性質はさまざまであるが，振幅，波長，振動数などを持っていて同じ波動の式で表せるという意味では共通である

2話　縦波と横波はどう違うか？

　海の波は川の流れのような物質の移動ではなく，ある点での上下運動が伝わるだけである．それを確かめるには波の中に浮き輪を置くと，浮き輪は上下に揺れるだけである．池の中に小石を投げると同心円状に波は広がるが，やはり池の水は移動せず上下運動が伝わるだけである．その証拠に，波の途中に木の葉があると葉は上下に揺れるだけである．この場合，媒質の振動方向と波の進む向きが垂直なので横波という．一端が固定された長い紐の反対側の端を持って上下の往復運動する場合の波も紐の上下運動と波の進行方向が垂直なので横波である．光などの電磁波は空間の電界と磁界の変化によって形成される波動で，**図 1-3** に示すように電界と磁界が発生して空間そのものに振動する状態が生まれ，周期的な変動が周りの空間に横波となって伝わっていく．**図 1-3** では波の進む向きが x 方向で電界が y 方向，磁界が z 方向に周期的に変化する横波である．電磁波の進行速度は光速である．

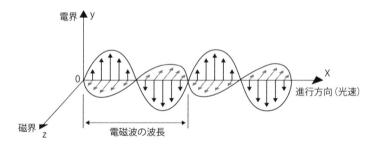

図 1-3　電磁波の進行方向と電界および磁界の変化

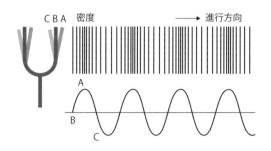

図 1-4　音が発生したときの空気の疎密と波

図 1-4 に示すように音叉を叩いて音を発生させたとする．音叉は自然の状態ではBの位置であるが，振動してAの位置では周囲の空気を圧縮しCの位置では空気が希薄になる．この場合は波の進む方向と空気の疎密の方向とが同じなので縦波となる．音は空気の疎密波の伝播によるので縦波である．

図 1-5 に示すように固体にハンマーで衝撃を与えたとする．衝撃を受けた固体の表面はx方向に圧縮されその振動が衝撃を受けた方向（x

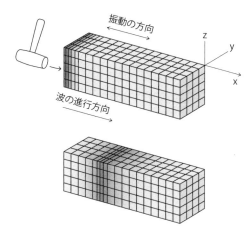

図 1-5 固体に衝撃を与えたときの振動と波の進行方向

方向）に波となって進んで行く．図 1-5 では媒質が振動する方向と波の進む向きが同じなので縦波となる．図 1-5 では衝撃を与えてある時間経過したときの固体の振動の様子が下方に示されている．

図 1-5 では縦波だけが表現されているが，実際の固体では縦弾性だけでなく横弾性もあり，横波が伝わる．横弾性は固体をずらそうとする力に抵抗して元に戻そうとする性質でせん断弾性とも呼ばれる．固体をずらそうとする力が働くと，図 1-5 でハンマーを叩くとyおよびz方向にも振動が伝わり，横波が発生することになる．地震のときには地殻に縦波（P波）と横波（S波）が同時に発生する．地震ではP波のほうが進行速度が速いので先に到達するが，S波は進行速度が遅いので後に到達する．S波のほうが揺れが大きく被害をもたらすのでP波がきたらS波に備えるとよいと言われる．

まとめ 媒質の振動方向と波の進む向きが垂直な波を横波という．紐の上下運動による波は横波である．電磁波は進行方向に対して垂直方向に電界と磁界が発生するので横波である．媒質の振動方向と波の進む向きが同じ波は縦波で，音波は縦波である．地震では縦波と横波が同時に発生し，縦波が進行速度が速いので先に到達する．

《6》

3 話　波の振幅，波長，速度は？

　波には海の波から音波，地震波，γ線，X線，紫外線，可視光線，赤外線，電波に至るまで性質の異なるものがあるが，式（1-1）で示されるような波長，振動数，振幅などで記述できる点では共通している．**図1-2**において波の変位が原点で変位がゼロになっているが，一般的には原点でゼロとは限らず次式で表される．

$$y = A \sin\{360°(tf - x/\lambda) + \delta\} \tag{1-2}$$

　ここで，$f=1/T$とし，$\{360°(tf - x/\lambda) + \delta\}$が波の位相であるが，$\delta$を単に位相と呼ぶこともある．波長$\lambda$，振動数$f$と速度$v$との関係は，

$$v = f\lambda \tag{1-3}$$

が成り立つ．式（1-2）において振幅Aは波の強さを表す．海の波の振幅は0.1〜100 m程度，音の振幅は0 dBのやっと聞こえる限界で10^{-11}m，120 dBの聴くに耐えない音で10^{-5}m程度である．電磁波のエネルギー密度は電磁波の振幅の二乗および周波数の二乗に比例する．

　波には見える波と見えない波，音波から電磁波までいろいろあるが，波としての性質は式（1-2）および式（1-3）で表されるという意味では共通である．

　表1-1に海の波（重力波），音波，電磁波の典型的な波長，振動数，速度を示す．式（1-3）において，波長が長くなると速度が速くなるとか，振動数が大きくなると速度が速くなると考えるのは間違いである．表（1-1）にあるように，音波や電磁波の速度は波長や振動数のいかんに関わらず一定である．海の波の速度は秒速100 mを超えるものもあるが，一般に音速や光速に比べて遅い．これは海の波は

表 1-1　海の波，音波，電磁波の波長，振動数，速度

	海の波（重力波）	音波（可聴域）	電磁波（γ線〜電波）
波　長	0.1〜5 000 m	1.7 cm〜17 m	0.1 pm**〜100 m
振動数	0.01*〜10 Hz*	20 Hz〜20 kHz	3×10^{6} Hz〜3×10^{21} Hz
速　度	0.3〜100 m/s	340 m/s	3×10^{8} m/s

*　重力波の振動数範囲は実際にはもっと広いがここでは中心的な値を示す．
**　γ線は波長が10 pm以下のものを指すが，ここでは便宜上波長の下限を0.1 pmとする．

第 1 章　振動と波　　《7》

水に働く風と重力の作用で起こるためである．長い紐を上下に振動させてできる波の速度も秒速数 m 程度と遅い．音速が海の波と光速の中間であるのは，音波は空気の疎密によって発生するためである．

　波の性質は波長によって大きく異なる．海の波のうねりは遠くの海域で風で発生し伝わってくるもので，長い場合の波長は 1 000 m を超えることもある．音波の波長は，低音は 17 m，高音は 1.7 cm である．これは振動を与える物質とその大きさで決まり，大きな太鼓などでは低音が発生して長い波長になり，金属音は高音となり短い波長となる．電磁波の波長は γ 線～電波に至るまで 0.1 pm ～ 100 m まで 15 桁も波長や振動数が変化する．電磁波では波長が 0.1 pm ～ 10 pm が γ 線，10 pm ～ 10 nm が X 線，10 nm ～ 380 nm が紫外線，380 ～ 780 nm が可視光線，780 nm ～ 1 mm が赤外線，1 mm ～ 100 m が電波となり，波長によってその性質が大きく変化する．

まとめ　　波の振幅，波長，速度は波の性質を特徴づけるものである．波の振幅は波の強さを与えるものである．海の波の速度は風と重力によって決まり，音波の速度は空気の性質によって決まる．電磁波の速度は電磁波の種類に関わらず光速と同じである．音波の波長は音の高低を決定し，電磁波の波長の大きさはその性質を大きく左右する．

4話 波が衝突したらどうなるか？

二つの物体が衝突すると，どうなるだろうか？ 跳ね返るか，くっつくか，あるいは壊れるかも知れない．二つの物体であれば同じ空間を二つのものが同時に占めることができない．ところが，波が衝突すると，重なり合う．たとえば**図 1-6** のaのように二つの同じパルス波が左右から衝突するとbのように山と山が重なり，合成波は大きな山になる．ある点での合成波の変位 Y はそれぞれのパルス波が独立にあったとしたときの変位 y_1, y_2 の和になる．

$$Y = y_1 + y_2 \tag{1-4}$$

これを重ね合わせの原理という．重なりがなくなった後，二つの波は何事もなかったかのように，cのように初めの波形を保ったまま，互いに遠ざかっていく．これを波の独立性という．波は粒子と違って物質ではなく，変位の伝播なので独立に振舞うのである．もし，位相が180°違う波がaのように左右から近づいて衝突すると，**図 1-7** のbに示すように合成波は一時的に消え，すれちがった後，cのようにもとの波形に戻って，遠ざかる．このように，同位相の波の重ね合わせは強め合い，逆位相の波の重ね合わせは弱め合うことになる．

水面上で2点が振動すると，それぞれの点を波源に波紋が広がる．その2個の波紋が重なり合うので，合成波ができる．合成した場所によって山と山とが重なり合って大きく振動する場所もあるし，山と谷が重なり合って弱め合う場所もある．このように，波と波とが重なって，振動を強め合ったり弱め合ったりすることを波

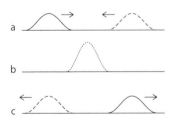
図 1-6 同じ波が衝突したときの変化

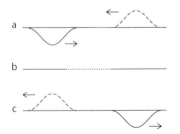
図 1-7 位相が180°違う波が衝突したときの変化

の干渉 という．単純化するため，二つの波源の振動数が同じ場合を考える．どこで干渉が強め合うかは波長が決まれば計算できる．ある点Pの，波源1からの距離をl_1とし，波源2からの距離をl_2とした場合，距離の差が波長λの整数倍であれば，山と山とが重なり，谷と谷とが重なるので，式（1-5）のときに強め合う．また，山と谷の間隔は$\lambda/2$なので，式（1-6）のときに弱め合う．

$$|l_1 - l_2| = m\lambda = 2m \times \frac{\lambda}{2} \tag{1-5}$$

$$|l_1 - l_2| = m\lambda + \frac{\lambda}{2} = (2m+1) \times \frac{\lambda}{2} \tag{1-6}$$

図1-8は二つの平面波が干渉してできた様子を示している．腹は強め合う場所で，節は弱め合う場所を示している．定常波は腹と節を持ち，進まない波である．岸壁に押し寄せる比較的に低い波は返す波と重なり合って定常波をつくる．

 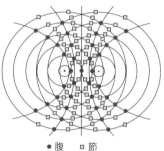

図1-8 二つの平面波が干渉する様子

> **まとめ** 波が衝突すると重なり合い，振幅はもとの波の代数和となる．これを重ね合わせの原理という．波と波とが重なって振動を強め合ったり弱め合ったりすることを波の干渉 という．波長が同じ二つの波が干渉する場合は，両者の距離が半波長の偶数倍のときに強め合い，奇数倍のときに弱め合う．

《 10 》

5 話 波の反射はどのように起こるか？

　波がある方向に進むとき，前進する波面の各点から出る小さな無数の球面波が重なり合って次の波面を作るという原理をホイヘンスの原理という．光は波動と粒子の両面を持っているが，光の伝わり方を波動説から説明するためホイヘンスが提唱した．一つの波面上のすべての点が波動の中心となってそれぞれ二次波を出し，これら二次波の包絡面が次の波面となり，次々に波が進んでいくと考える．この原理を使って光の直進，反射，屈折の現象が説明された．このことが光の波動説の重要な根拠になった．また，波は障害物があると，障害物の端から影になる部分に回り込むように進む．これを回折と言うが，この現象もホイヘンスの原理で説明できた．ここでは，この原理のうち波が板などにぶつかるとき，入射角と反射角が等しくなる反射の法則を用いる．

　鏡にものが映るのは光が反射するために起こる．電車に乗っているとき，窓ガラスがまるで鏡のようになることがある．外が明るいとき窓ガラスは透明であるが，電車がトンネルの中に入ったり外が暗くなると，窓ガラスに顔が映るようになる．昼間は窓ガラスの向こう側からくる光が，反射の光よりもはるかに強いために，反射した光はよく見えない．夜になって外が暗くなると，ガラスの表面で反射している光が見えてきて顔が映る．鏡は反射光を増やすために，ガラスの後ろに銀やアルミニウムが薄く塗ってある．銀は光をほぼ 100 ％反射する．もちろん，ガラスの表面も光を反射しているが，銀の反射のほうが強いため銀の反射したものがはっきり鏡に映って見える．

　鏡は透明ガラスを用いて滑らかで平らな境界面を得ている．そして，ガラスの一方の面に銀を沈着させ，光を反射するようにしている．この鏡面反射は，境界面の凹凸が可視光線の波長 380 ～ 780 nm に比べて十分小さいときに起こる．鏡に金属膜を使う理由は，金属には自由電子があり，光をほぼ 100 ％反射するからである．私たちは前にあるものしか見えないが，鏡に映せば後ろのものが見える．光は直進するので，後ろを振り向かない限り後ろのものは見えない．ところが，自分の前に鏡を置くことで，後ろから来た光が反射して眼に届き，後ろのものが見えるのである．**図 1-9** で自分の眼が A 点にあるとする．光は鏡の面で入射角と反射角が等しくなるように反射する．後ろのものは B 点にあるが，私たちの眼はものが B 点にあるとは思わず，鏡に対して B 点と対称の位置 B' 点からきたと判断する．B' 点は

鏡に写った像で，その位置にはものがないので虚像という．ここで，私たちの眼が判断すると書いたが，正しくは脳が判断すると書くべきである．私たちの脳は光は直進すると思い込んでいるので，反射して来た光だとは思わず直線を延長したB'点からきたと判断するのである．

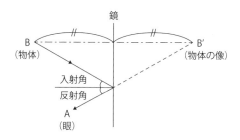

図 1-9 鏡の反射で後のものが見える理由

　私たちがよく目にする反射鏡は，手鏡や化粧鏡である．これらは，ほとんどがガラスの裏側に金属を塗ったもので，鏡の裏側で反射するために裏面鏡と呼ばれる．光は，裏面だけでなく表面でも反射するので，映った光景は少しだけぶれて見える．一方，カメラや望遠鏡などの光学器械に使われているのは，ガラスや金属の表面で反射する表面鏡である．光を正確に反射する必要があるためである．

　自動車のバックミラーや銀行などの店内監視ミラーには，凸面鏡が使われている．これは，凸面鏡は平面鏡よりも広い範囲を映すことができるためである．一方，凹面鏡は光を集めたり，ものを大きく見せるなどの性質がある．このために懐中電灯の集光鏡や，化粧鏡の拡大鏡などに使われている．

　光だけでなく，電波，音波，超音波，地震波なども物体に当たると，反射する．

まとめ　波が板などにぶつかるとき，入射角と反射角が等しくなるように反射する．鏡はガラスの裏面に銀が薄く塗ってあり，そこで光をほぼ100％反射する．自分の前に鏡を置くことで，自分の後ろにあるものを見ることができる．それは，自分の後ろにあるものから出た光が鏡の面で反射して私たちの眼に届くためである．

《12》

6話　波はなぜ屈折するのか？

波の速度は媒質によって変わる．違う媒質に波が進む場合，進む速さが変わることによって進む方向も変わる．境界面を境にして進行方向が変わることを波の屈折という．このとき境界面の垂線と入射波の進む向きとのなす角を入射角，境界面の垂線と屈折波の進む向きとのなす角を屈折角という．

入射角を i，屈折角を r，媒質 1 における波の速さを v_1，媒質 2 における波の速さを v_2，媒質 1 と媒質 2 の間の相対屈折率を n_{12} とすると，これらの間には以下の関係がある．

$$\sin i / \sin r = v_1 / v_2 = n_{12} \tag{1-7}$$

この関係を屈折の法則またはスネルの法則というが，この法則はホイヘンスの原理を用いて証明されている．

波の屈折現象が問題となるケースは光や地震波による屈折である．光の屈折については，例えばゴルファーが打ったボールが池の浅いところに落ちたとする．そのボールをそのまま打つかどうかはむつかしい判断になる．なぜならボールの位置は屈折によって私たちの眼には実際の位置より浅いところにあるように見えるからである．

コップの水中のストローが折れ曲がって見えたり，お風呂やプールの中で自分の手足が短く見えたりするのも光の屈折による．また，虹が見えたり，蜃気楼や逃げ水が見えたりするのも光の屈折による．図 1-10 は空気から水の界面で光が屈折する様子を示したものである．式（1-7）の屈折率 n は物質によって決まっていて，真空では 1.0000，空気は 1.0003，水は 1.3334，ガラスは 1.4585，ダイヤモンドは 2.4202 である．真空中での光の速度を c とすると，屈折率 n での光の速度は c/n となる．式（1-7）を用いて，n_{12} が n_2/n_1 となることを示すことができる．硬い物質ほど屈折率が大きく，光が大きく曲げられる．

ここでゴルフボールの問題に戻る．光が水面で屈折するとき，$\sin i / \sin r$ の値が空気と水の屈折率の値より，1.3334 ／ 1.0003 = 1.333 となるので，かなり光路が曲がることになる．ここで，白丸は実際のゴルフボールの位置，斜線で示したのが人間が判断したボールの位置である．この場合にゴルファーの眼は空気側にあるから，図 1-10 に示すように，ゴルフボールから出た光が図の実線の経路で曲げら

れてゴルファーの眼まで届くことになる．人間の眼からすると，光が実線の経路から来たとは思わず，破線の経路で直進して来たと思い，斜線の位置にボールがあると判断する．したがって，ボールの位置を浅めに判断しているので，ゴルファーが自分の眼が判断した位置より深めにクラブを振らないとボールに当たらないのである．

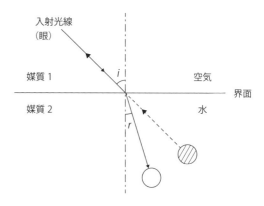

図 1-10 空気と水の界面で光が屈折する様子と池に落ちたボールの見え方

このように，屈折の理解によって私たちが身の回りで見ている現象が説明できる．では光はなぜ屈折するのだろうか．それに答えるためには，屈折率が大きい媒質では光の速度が c/n となぜ遅くなるのかを理解する必要がある．真空中では何も障害物がないため光の進路を邪魔するものがない．空気中では空気や塵などが光の進路を多少なりとも妨害する．水中やガラスでは分子がさらに密集しているため光の進路を妨害するので光の速度が遅くなるのである．それで，光が屈折するのは最短距離を進むのではなく，回り道をしてもより通りやすい経路を取ると考えることができる．17世紀にフェルマーが「光は最短経路ではなく，最短時間で到達できる経路を取る」ことを見つけた．最短時間で到達できる経路をとった結果が**図 1-10**で示されるような屈折現象となると考えることができる．

㊩㊧㊩　波が違う媒質の中を進むときその界面で屈折する．波は最短経路を進むのではなく最短時間で進むからである．光が水中に進行するとき，水の屈折率が空気より大きいので光路が水中深い方向に屈折する．池の中のゴルフボールからの光は屈折するが，人間の眼は光が直進してきたと思い，実際より浅い位置にボールがあると判断する．

《14》

7話　いろんな種類の波の特長は？

　波には海や池の波から γ 線, X 線, 紫外線, 可視光線, 赤外線, 電波, 地震波, 音波, 超音波に至るまで性質の異なるものがある.

　いろいろな種類の波について波長で比較したものを**図 1-11** に示す. 電磁波は波長が 1 pm 以下の γ 線から波長が 1 000 km の電波（極超長波）に至るまで 18 桁以上も波長および振動数（エネルギー）が異なる.

　音波（可聴音）の波長は約 17 cm から 17 m の範囲で, 電磁波では電波の領域である. 超音波は音波より波長が短く, 電磁波では電波や赤外線領域に相当する. 地震波は震源地で地層の一部が破壊すると, 地層の弾性が復元力となって波を発生し, いろいろな波長成分を含むが 1 m から 1 km の範囲が主である. 水の波には表面張力による波長の短い波と重力による重力波がある. 重力波でも風による波の波長は 1 cm 以下から数百 m 程度まで, 津波では数百 km にも及ぶ. 電波, 音波, 地震波, 水の波は波長が同じ領域にある.

　電磁波は真空中でも空気中でも伝わる. マックスウェルは電磁波の波動方程式を導き, 光速 c は真空の誘電率 ε_0 と透磁率 μ_0 を用いて,

$$c = (\varepsilon_0 \mu_0)^{-1/2} \tag{1-8}$$

と表されることを示した. この式を使って計算された光速の値と光速の実測値とが一致した. 電磁波は横波で, その伝播速度は γ 線から電波に至るまですべて光速と同じで約 3×10^8 m/s である. 音波（超音波）は空気中を伝わるので空気の性質と温度でその速度が決まり, 約 340 m/s である. 地震波の速度は, 地層の剛性率, 体積弾性率, 密度によって決まり, 3 〜 8 km/s である. 海の波は風が吹くといろんな波長の波が発達し, 波長の長さが長いほどその速度が速い. 海の波の速度は水深によっても影響され, 台風などの風では最大 20 m/s を超え, 津波では 200 m/s を超える. このように, 波の速度は波が伝搬する媒質の性質によっている.

　波は進行途中に障害物があると, 反射, 透過する. 障害物が薄いアルミニウムの板があるとすると, 光や電波は反射するが, X 線や γ 線は波長が非常に短くエネルギーが大きいので大部分は透過する. 音波もアルミニウムの板で反射されるが, 一部は空気の疎密波がアルミニウムの板を振動させて前方に伝わり透過する. 海の波はアルミニウムの板が垂直に立っていると反射されるが, その面積が小さいとそ

れを乗り越えて進む．地震波は地球内部を伝わるが，内部の鉄の液体表面で反射する．コンクリートの厚い壁があると，γ線，X線は内部に入り込み固体と相互作用してエネルギーを失う．紫外線，可視光線，赤外線の多くは散乱され，電波では大部分反射される．音波も電波と同じで大部分反射される．

宇宙の遠くに波があるとする．電磁波は真空中でも伝わるので地球の上空まではすべての電磁波が到達するが，それらが地球上に届くかどうかは波長による．γ線，X線，C紫外線，B紫外線は大気中の酸素やオゾンと反応し，エネルギーが失われてほとんど地球上

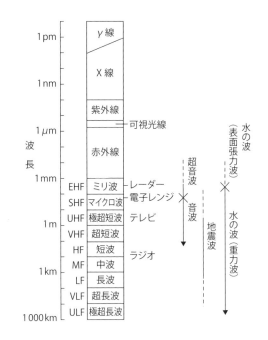

図 1-11 いろいろな波の波長の比較

に届かない．そのおかげで生物が地球上で生存できる．可視光線，赤外線，電波は地球上に届く．音波の発生源が宇宙のどこかにあるとしても，真空中を伝わらないので地球上に届かない．

本書ではあまり触れないが，光と同様に電子や中性子も粒子と波動の性質を同時に持つ．電子の波長は加速電圧に依存するが，電子顕微鏡で典型的に使われる 200 keV では 2.5 pm である．また，中性子の波長もエネルギーに依存するが，中性子回折などに使われる 1 meV では 1 nm 程度である．これらの波長は X 線の波長領域に重なっており，X 線，電子線，中性子線が結晶構造解析に利用されている．

まとめ 電磁波は波長が 1 pm 以下の γ 線から波長が 1 000 km の電波まで 18 桁以上も波長が異なる．音波の波長は約 17 cm から 17 m の範囲で電波と同じ領域である．地震波は波長成分が 1 m から 1 km の範囲が主である．水の波の波長は 1 cm 以下から数百 m 程度，津波では数百 km にも及ぶ．電磁波は波長により性質が大きく違う．波の速度は媒質の性質で大きく違う．波の反射，透過は波長などによって大きく違う．

コラム

波をつくるエネルギー

　海の波を見ていると，沖合から波頭に白波を見せながら次々と進んできてやがて波打ち際で砕ける．このように波には動きがあり，動きを起こすエネルギーが必要である．海の波の場合は，風のエネルギーが駆動力となって波が発生する．

　地震波をつくるエネルギーは，地球の深部にあるマントル対流が原因である．マントル対流をもたらすのは，地球の形成時に惑星の衝突の際に発生した熱と地球内部にある放射性物質の崩壊熱のエネルギーである．マントル対流が原因でプレートが少しずつ動き，プレートの境界で歪みがたまって，あるときに地震が発生する．発生した地震波は地殻の体積弾性率や剛性率などにしたがって伝播する．

　音波のエネルギーはいろいろな音源からもたらされる．海の波の音は風がその原因であるし，太鼓の音は人間が棒で太鼓の皮を叩くこと，人間の声は息を吹き込んで声帯を振動させることによって生ずる．いずれも，音波は空気の疎密波となって伝わり，耳の鼓膜を振動させて知覚される．

　電磁波の波は，波長の短いものから順に，γ線，X線，紫外線，可視光線，赤外線，電波まである．これらを発生させるエネルギーは自然界にあるが，人工的にもつくれる．γ線やX線は高エネルギー宇宙線を放出している天体から放射されている．それらは地球の大気圏で吸収されるので，天体からのγ線やX線の観測には以前は気球やロケットが用いられたが，現在は人工衛星が用いられる．太陽の表面温度は5800Kで，大部分は紫外線，可視光線，赤外線となって地上に降り注ぐ．ごくわずかだが，太陽からγ線やX線，電波も届いている．これらの波のエネルギーの元は太陽中心部の核融合反応による熱である．

　海の波や風の音のエネルギーの元は太陽エネルギーである．太陽が海を照らすと水蒸気ができて低気圧が発生することが風の原因である．光など電磁波のエネルギー源も太陽なので自然界で発生する波のエネルギー源の多くは太陽である．

　一方，人工的に波をつくる方法は多様である．ピアノの鍵盤を叩けば音が出るが，録音されたCDからピアノ曲の音を聞くことができるし，超音波発振器から超音波を発振すると魚群探知機として使える．発光ダイオードから光を出せば照明に使えるし，カラーテレビの色も出せる．人工的に発生させたX線や超音波は医療に使える．

第 **2** 章

水 と 波

水面に発生する波は風が弱いとさざ波
であるが，風が強いと荒々しい波とな
り，風が収まってもうねりとなって遠く
まで伝わる．この章では，波の発生の
仕方，水面波の中の水の動き，海の波
の深さによる影響，波の発達の仕方，
海岸への波の押し寄せ方，波の高さと
速さが何で決まるかなどについて紹介
する．

《 18 》

1話　波は水面にどのように発生するのか？

「古池や蛙飛びこむ水の音」という松尾芭蕉の俳句は，古池の静けさと蛙が池に飛びこむという動的な動きと，その後に水面にできる同心円状の波の余韻を絵のように表現している．蛙に限らず池に小石を投げても同心円状の波が水面に発生する．このように水面にできる波には発生源となる力が必要である．自然の中において発生する水の波では，風の力によるものが大部分を占めている．

波がない鏡のような水面にさざ波ができはじめる場合を考える．風が吹くと，水面近くでは摩擦のために風速が小さくなるとともに，風に引きずられて水面に小さい流れが生じる．この流れがある限界速度に達すると，水面が不安定になってさざ波が発生する．このようなさざ波の発生は水槽実験で研究されている．水槽での実験によれば，初期の波は比較的規則的で波の峰は横方向に連なっているが，成長とともに切れ切れになり，次第に不規則な性質を持つ風波になるそうである．

水面波が維持されるのは，風のように水面を上下させる力と重力のように元に戻そうとする（復元）力とが働くためである．水面波の復元力としては，重力と水の表面張力とが作用する．表面張力は，水に分子間力が働いていて内部では四方から引き合っているが，表面では引き合う相手がいないため不安定なため発生する力である．波ができたときに水面の表面積が増えるが，表面張力は表面積を減らそうとする力として作用する．水面波の波長が短いときは復元力として表面張力が支配的になり，波長が長いときは重力が支配的となる．両者が均等に働く境目は波長が 1.7 cm のときである．この波長の波は私たちがさざ波と呼んでいるものに近い．表面張力が支配的な領域では，波長が短くなるほど波速は遅くなる．弱い風になって波長が 1.7 cm 以下になると，風速より波速が速くなって波が成長できなくなり，次第に消えてしまう．

かりに，何かの要因で水面の一部が**図 2-1** のように盛り上がったとする．これが波として周囲に伝わる過程を考える．波に働く力は主として重力である．(a) の波の山では重力によって下向きの力が働くが，両端では水が空いた空間に向かって移動する．(b) では中央部分では水深が最も深いので水圧が大きく浮力が働く．山の部分では重力によって下向きの力が働くが，両端では水が空いた空間に向かって移動して次の波を形成する力となる．このように，最初に発生した水の盛り上がりが水面波となって同心円状に周囲に伝わって行く．ここでは復元力として重力を

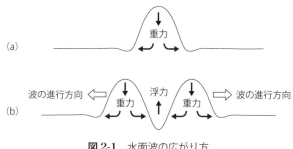

図 2-1　水面波の広がり方

考えているが波長が短い場合は復元力として表面張力を考えても同様である．

　波の発生と広がり方は池や湖だけでなく，海の波においても当てはまる．ただ，海は広くいろいろな海域があり深さも分布があるのでいろいろな種類の波が生じる．風波の速度は風速で決まるのではなく，波の波長で決まる．風波の速度よりも風速が速いときに波は発達する．波長が短くて表面張力が優勢な波と波長が長くて重力が優勢な波の境目で風波の速度が 23 cm/s で，これより風速が遅ければ波は発達しない．実際には，風速が 23 cm/s を超えてもすぐに風波ができはじめるわけではない．海面には小さなゴミがあったり海藻の成分が浮いていたりするので，風速が 1 m/s 程度でさざ波ができはじめるようである．

まとめ　水面の一部が風で盛り上がったとすると，波の山では重力によって下向きの力が働くが，谷になると水深が深く水圧が大きくなって浮力が働く．水面が盛り上がった両端では水が空いた空間に向かって移動して次の波を形成する力となる．このように，最初に発生した水の盛り上がりが水面波となって同心円状に周囲に伝わっていく．

《20》

2話　水面波はなぜ縦波でも横波でもないのか？

　媒質の振動方向と波の進む向きが同じ波は縦波で，媒質の振動方向と波の進む向きが垂直な波は横波である．音波は縦波で，紐の上下運動による波や電磁波は横波である．

　風によって波が水面にできると波は風の方向に進んで行くが，水そのものが進んで行くわけではない．水はその位置で円運動をしている．単純円運動は単純な縦波と単純な横波による位置変化を合わせただけの単純なモデルであるが，水面の波の外見の特徴をよく表わしている．波の進行方向と水の動きの関係は同一方向でも垂直方向でもないので，水面波は縦波でも横波でもない．

　風によって持ち上げられた水は**図 2-1** に示すように，重力によって下方と周囲に動き，浮力によってまた持ち上がる．このように，水面には上下方向の運動が波となって周囲に伝わって行くが，水の動きは上下方向だけではない．時刻 t_1 とその半周期後の時刻 t_2 における波の下の水に働く力を**図 2-2** に示す．時刻 t_1 において波が山より少し下った C 点と D 点における水に働く力を考える．C 点の下の水は D 点の下の水に比べてより深いので水圧がより高い．そのため C 点と D 点の下の水には C 点から D 点に向かって右向きの力が働く．**図 2-2** では，C 点と D 点で働く力の方向と大きさが円の中に矢印で示されている．T/2 時間後の時刻 t_2 では波形が 180°進んで**図 2-2** の下のようになり，D' 点が C' 点より水深が深いので水圧がより高く，D' 点から C' 点に向かって左向きの力が働く．したがって，波が周期的に変化することによって左右の往復運動が起きることになる．右向きの速度は山の頂点で最大になり，左向きの速度は谷の底で最大となる．それで，水が浮力によって持ち上げられ重力によって下げられる上下方向の運動が左右の往復運動と重なると，水の動きが円運動になる．

　水面波の進行方向と水の動きを**図 2-3** に示す．波の山の A 点ではその下の水は円の上方 A_1 にある（その時刻を t_1 とする）が，時刻が周期 T の半分だけ進み t_2 になると同じ位置 P_1 では山だった A が谷となって水の位置は A_1 から B_1 となる．実線で描いた円は位置 P_1 での，破線で描いた円は位置 P_2 での波の 1 周期の時間での水の動きを示している．破線で示した A_2 はこの図では実現していないが，T/2 時間後の時刻 t_2 では波がこの位置で山となるので実際に A_2 の位置に波がくる．このように時刻 t_1 で A_1 にあった水が T/4 時間後に波の進行方向に円の半径だけ右

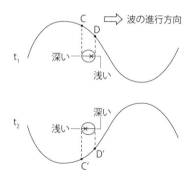
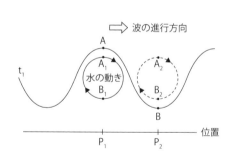

図 2-2　時刻 t_1 と t_2 における波の下の水に働く力

図 2-3　水面波の進行方向と水の動き

側に移動し，T/2 時間後に元の位置に戻り，3T/4 時間後に波の進行と逆方向（左側）に円の半径だけ移動し，T 時間後に元の位置に戻る．

このように，波は風の方向に進んで行くが，水そのものはその位置で円運動をしている．その証拠に水面にある落ち葉は波が進んでも，その位置で上下にゆらゆらと揺れている．落ち葉が水面で揺れる様子を注意深く観察すると，落ち葉が単に上下に揺れるだけではないことがわかる．波の山がきたら落ち葉は上に上がりその後進行方向に少しずれ，谷がきたら落ち葉は下がるとともに少し戻る．その後，波の進行と反対方向に少しずれ，山がきたら上に上がるとともに元の位置に戻る．

> **まとめ**　水面波は風の方向に進むが，水そのものはその位置で円運動をしている．波の進行方向と水の動きの関係は同一方向でも垂直方向でもないので，水面波は縦波でも横波でもない．波の高さの周期的な変化が水圧の横方向の変化となり横方向の運動となる．水面波は重力と浮力による上下方向の運動と横方向の運動の組み合わせで円運動となる．

《22》

3話　海の波はどのように発達し減衰するか？

　海は広くいろいろな海域があり深さも分布があるのでいろいろな種類の波が生じる．大きな波のうねりの中に小さな波があり，その小さな波の中に，さざ波があったりする．波は，風波の速度よりも風速が速いときに発達する．このように海で発達した波は，さまざまな大きさの波が重なってできている．しかもそれらの波は，互いに進行方向が違い，複雑な構造をしている．こうした波の複雑な現象は，不規則性を解析する数学的な手法や波浪スペクトルの方法により解析され，進歩した．

　風が吹き続いて風速が増すと，大きな波となる．この場合，さざ波そのものが発達して波長の長い大きな波になるのではなく，波高が小さくて見えなかった波長の長い波が発達するためである．こうした現象が起こるのは，波長の長い波は発達速度が遅いためである．風が吹いてからの時間経過を観察すると，最初はさざ波が目立つがやがて大きな波が目につくようになる．実際には，外洋の大きな波の上にもさざ波は乗っているのである．

　風が吹き続くと，風からエネルギーを吸収して波が発達する．波の発達程度は，風速，風の吹送時間，吹送距離の三つに依存する．特に波高は風速に比例する．実際の海では，風の強い海域もあれば風のない海域あるいは風向の違う海域もある．風のない海域に入ると吹送時間が短くなり波の発達は止まってしまう．

　波が生まれてから衰弱して消えるまでの年齢を波齢という言葉で表現される．風速が強いほど，吹送時間および吹送距離が長いほど波は発達するが，それに比べて波速が小さい場合は波齢が小さく，波速が大きくなるにつれて波齢が増して行く．波齢は波が発生してからの時間ではなく，波速を風速で割った量である．

　幼年期の波は波齢が 0.1 〜 0.2 程度で，さざ波またはそれが少し成長した波である．発生初期の小さな波は，風速に比べて波速が小さい．外洋の巨大な波の上にもさざ波は乗っている．

　青年期の波は発達が最も著しく，波齢は 0.3 〜 0.5 程度で，波形勾配（波の高さを波長で割ったもの）が大きい．青年期の波は風速が大きい海域で発生する．波高は 1 m 程度だが，波頭に白波を生じ，個々の波は不規則で尖っている．風によって与えられるエネルギーが大きいし，砕けて失われるエネルギーも大きい．

　壮年期の波はかなり大きなスケールに発達しながらまだ発達を続けている波で，波齢は 0.6 〜 0.9 程度である．壮年期の波は波高が 3 〜 5 m 程度と高く波頭は激

しく砕けているが，青年期の波に比べると穏やかである．壮年期の波にはいろいろな波長のものが混ざっており，各成分の波はそれぞれほぼ独立に振る舞いながらお互いに相互作用している．発達中の波は，風によるエネルギーの供給，砕波によるエネルギーの損失，成分波間のエネルギーの交換によって絶えず変化している．

波速が風速と等しくなると波齢は 1 となり，風と同じ速度で動いている波から見ると無風と同じになる．これは十分成熟した波で，壮年期の終わりの姿である．波齢は 1 となるような十分成熟した波となるためには吹送時間および吹送距離が長いことが必要で，その状態は簡単には実現しない．例えば，風速 20 m/s の風が吹いて波の速さが 20 m/s となるためには約 2 000 km の吹送距離が必要である．

風がほとんど止んだり，波が風域の外に出たりすると，波齢は 1 を超える．これがうねりと呼ばれる波で老年期の波である．発達した波は風がない海域に入っても次第に減衰しながら遠くまで伝播する．このとき，波長の短い波ほど早く減衰するので，波長の長い波だけが残る．波長の長い波だけが残ると波が丸みを帯びたうねりになる．波の一生と各時期の特徴を**表 2-1** に示す．

表 2-1　波の一生と各時期の特徴

各時期	波　齢 *	特　　徴
幼年期	0.1 ～ 0.2	さざ波またはそれが少し成長した波
青年期	0.3 ～ 0.5	荒々しい波で，個々の波は不規則，しばしば砕波が発生
壮年期	0.6 ～ 0.9	波高が高く波頭が砕けるが，青年期の波に比べると穏やか
老年期	1 以上	うねりの波，風がない海域でも減衰しながら遠くまで伝播

＊ 波齢 =（波速／風速）

ま と め　　波の発達は風速，風の吹送時間，吹送距離に依存する．幼年期の波はさざ波またはそれが少し成長した波である．青年期の波は発達が最も著しく，荒々しい波で，個々の波は不規則で尖っている．壮年期の波はかなり大きなスケールだが発達を続けている波である．風がほとんど止んだり波が風域の外に出ると，うねりとなり，老年期の波となる．

4話　海の波は深さが違うとどのように影響するのか？

　海ではいろいろな方向に進むさまざまな波長の波が重なるため，一つの波ごとの高さ・長さ・方向は不規則である．風が吹き続けると海ではいろんな波長の波ができるが，波長が長いほど速い速度で進む．その中で，ある方向に進む波だけに注目してみると，水深が一定であれば水面の波形は変化せず，そのままの形で一方向に進んで行く．しかし，海岸付近の水深が浅い領域になると，海底地形の影響を受けて波の高さや形が変化する．水粒子の運動は，水深が深い場合には表面付近の水が円を描いて運動するだけで，海底付近の水は運動しない．表面波の波速 v (m/s) は，水が等速円運動をしていると仮定すると，波長 λ (m) だけで決まり，

$$v = (g\lambda/2\pi)^{0.5} = 1.25 * (\lambda)^{0.5} \tag{2-1}$$

と表される．ここで，g は重力の加速度 9.8 m/s² である．水深が大きい海域を進む深水波は表面波とみなすことができるので式（2-1）が適用できる．台風のときに発生するような波長が 400 m の波では，25 m/s の速度で波がやってくることになる．

　水深が浅くなると波がどのように変化するかを調べるために，波の下の水の円運動と水の深さとの関係を考える．水面近くにある水にとってはすぐ上に山がくるか谷がくるかで大きな影響を受け円運動の半径が大きいが，水深が深くなると波の影響は弱まり円運動の半径は次第に小さくなる．その様子を**図2-4**の左側に深水波

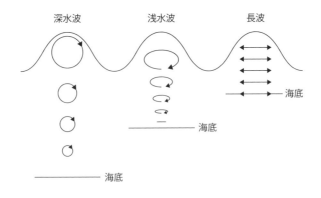

図2-4　海底の深さと波の種類

として示した．深さによる円運動への影響の程度は波の波長によって違ってくる．深さが波長の半分になれば円運動の半径は 4％に，波長と同じ深さになれば円運動の半径が 0.2 ％になる．したがって，海の深さが波長の半分以上になれば実質的に深水波とみなしてよい．

　海の深さが波長の半分より浅いところでも水は円運動をしようとするが，底の影響を受けてしまう．それで**図 2-4** の中央に浅水波と示したように，海底では上下方向の運動ができないため水平方向の往復運動だけになってしまう．その中間の深さでは円運動が上下方向に制限されて楕円形になる．さらに，深さに比べて波長が非常に長いときは**図 2-4** の右側に長波と示したように水平方向の往復運動だけになってしまう．実際には波長が水深の 25 倍以上の波を長波と呼ぶ．長波の波速 v (m/s) は，波長には関係なく近似的に水深 h (m) だけで決まり

$$v = (gh)^{0.5} \tag{2-2}$$

と表される．ここで，g は重力の加速度 9.8 m/s^2 である．沖合から波が押し寄せ水深が浅くなり波長の 1/25 以下になると，波速は式（2-2）で表されるようになり次第に遅くなる．沖合ではいろいろな波長の波が共存し，式（2-1）で示されるように波長の長い波ほど速い波速で進んでいる．遠浅の海岸のように，少しづつ浅くなるところでは，沖から押し寄せる波は波長の長い波から順にブレーキがかかり遅くなって行く．浅い海では波の速度がほとんど同じになり波と波との間隔が縮まり重なり合うようになる．その結果，波の高さが高くなる．

　水深は波の波長との相対関係で決まるので，水深の浅い場所でも波長の短いさざ波は深水波と見なせる．また，深海域を進む波でも，津波のように波長が数十 km 以上の長い波は深水波ではなく，長波として扱われる．

　⓶⓸⓶　海の深さが波長に比べて深いと波は深水波で，波長が長いほど波は速く進む．海の深さが波長の半分より浅いと浅水波となり水の運動は楕円形になる．水深が波長の 1/25 以下の長波では波速は波長には関係なく水深の 1/2 乗に比例する．沖合ではいろいろの波長の波が共存するが，海岸では波長の長い波ほど速度が遅くなるので波が重なる．

5話　海の波は海岸にどのように押し寄せるか？

　海岸に立って押し寄せる波を見ていると，波の形はさまざまに変化するが，波は海岸に向かってほぼ垂直の方向に押し寄せる．外海では風の吹く方向はさまざまで，風によってできる波の方向，波長，波高もさまざまである．また，海岸線も湾があり岬がありさまざまな形をしているが，いずれの場合も波は海岸にほぼ垂直に押し寄せる．**図 2-5** は波が浅瀬で屈折して岬に集中する様子を示している．矢印は波の進行方向，破線は海岸の等深線を表す．海岸近くの波では波速が式（2-2）で表され，浅くなるにつれ遅くなるので波の向きが変わる．沖合ではさまざまな向きの波が混在していても，すべての波は水深の浅い海岸の方向に曲がり，海岸近くではほとんどの波が海岸と垂直の方向に進むようになる．この現象は第 1 章 6 話の波の屈折（スネルの法則）に対応している．光が凸レンズにより曲がり，焦点に集中するのと同じ原理である．

　波が形成されるときの水は円運動をしているが，波の山にあるときは円の半径だけ進み，谷にあるときは半径分だけ後退する．深い海を波が進むときは完全な円運動であるが，浅い海岸線を進むときは若干違ってくる．円運動の半径は**図 2-4** に示したように深さとともに小さくなるので，水が波の山にあるときの前進速度が谷にあるときの後退速度に比べて速くなる（式 2-2 参照）．したがって，波が通過して水の粒子が一回転したとき，もとの場所より少しだけ前に進むことになる．水粒子のこの移動を波による質量移送と呼んでいる．こうして生ずる流れはごく微弱なので広い海では問題にならないが，波がうねりとなって海岸に接近すると，微弱な質量移送でも時間が経つにしたがい岸沿いに水が堆積する．また，波が海岸に近づくと波速がそろってきて波高が高くなり，波が不安定になって砕波し，波のエネルギーは乱れや流れのエネルギーに変わる．こうして浅い水域では質量移送と砕波によって水が堆積する．

　こうして岸沿いに堆積した海水は何らかの形で沖のほうに戻らねばなら

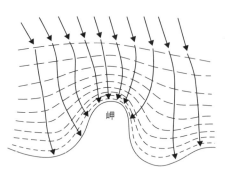

図 2-5　浅瀬で屈折して海岸線に垂直方向に押し寄せる波

ない．実際の海では地形が海に沿って一様ではなく，波高の分布も局所的に変化している．このため，岸から沖に向かう戻り流は一様に生ずるのではなく，ある狭い領域に川のように流れ出す．これを離岸流と呼んでいる．離岸流が沖に向かって流れ出すと，これを補う形で海岸に沿った流れが生じる．これを沿岸流と呼んでいる．離岸流は速度が速く危険な流れで，遊泳中に流されないように注意する必要がある．沖から岸に向かう途中で波が砕けて白く見えるが，左右は波が砕けて白く見えるのに不自然に砕けていない部分があれば要注意である．万が一，離岸流に巻き込まれたら泳ぎの達者な人でも岸に向かって泳ぐのは無理である．離岸流の速度は2 m/sはあるからである．岸と平行の方向に泳げば通常の流れの領域に入ることができる．**図 2-6** に波の質量輸送と離岸流の様子を示す．離岸流の沖方向にある円で示した部分は離岸流頭である．

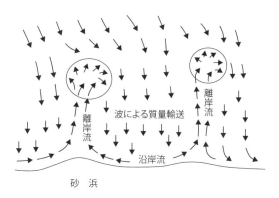

図 2-6 海岸付近に発生する波の質量輸送と離岸流

まとめ 沖合ではさまざまな向きの波が混在していても，すべての波は水深の浅い方向に曲がり，ほとんどの波が海岸と垂直の方向に進む．深い海域では水の粒子は完全な円運動をしているため質量の移送はないが，浅い海域では質量の移送により水が堆積する．これを補うため，海岸から沖に向かって局所的に川のように流れる危険な離岸流が発生する．

《28》

6話 波の高さはどのように決まるか？

波の高さとは波の底から山までの距離，正弦波であれば振幅の2倍である．波の高さはいろいろであるが，その高さをどのように決めているのだろうか？

天気予報などで波の高さを4mという場合に，有義波高を使っている．波の高さを一定時間の間記録して高いものから順に並べ，高いものから1/3を選んで平均したものである．有義波高は海を見ているとき，比較的高い波に眼が行くのでその高い波を平均したものと考えられる．波の高さが4mといっても，いつもその波がくるわけではない．有義波高はセンサとGPSをつけたブイや超音波波高計で測定されている．波高計がない時代は，ベテランの船乗りが目視で波高を定めていた．

発達しつつある波を見ていると，海面が突然盛り上がってみるみるうちに波の峰ができて進行しはじめかと思うと，それが数分すると衰えて見えなくなることがある．海では一つの波がほかの波を追い越したり互いに交差して絶えず複雑な変化をしている．台風など風の強い海域でいろいろな波が重なり合って非常に高い波ができることがある．1997年1月に隠岐島沖の日本海でロシアのタンカーナホトカ号が真っ二つに割れて沈没し大量の重油が流出した事故があった．船は進行方向に対して横向きの大きな波を受けると転覆する危険があるため，荒れた海では波の進行方向に対して直交するように進む．しかし，タンカーのように長い船体の船では巨大波に乗り上げたときに大きな曲げの力が加わり，波を超えると空中に浮いた船体が海に叩きつけられる．ナホトカ号の事故の際は有義波高が8mであることがわかっている．その条件でのシミュレーションによると2時間の間に波高15mの波に遭遇する可能性がある．ナホトカ号は建造から28年経過し腐食が進んだ老朽船であったため15mクラスの巨大波で船体に亀裂が入り破壊したものと考えられる．

進行方向の異なる二つの波がぶつかると，双方の波の山と山が重なり合う地点では水面が一層盛り上がり，谷と谷が重なり合う地点では水面が一層低下する．この結果，孤立した急峻な波の山が形成され，これを三角波と呼んでいる．三角波は沖合から進んできた波が防波堤にぶつかって入射波と反射波とが干渉しあってできる場合，遠方からくるうねりと別の方向からの強い風による波が干渉しあってできる場合，海底地形や流れの影響で波が屈折して異なる方向の波が形成され，互いに

干渉しあってできる場合がある．三角波によって漁船などがよく遭難する．図 2-7 は函館市の立待岬付近で観測された三角波の例である．

　台風などの低気圧が強風とともに海岸に接近すると高潮の被害が発生することがある．メキシコ湾，東京湾，伊勢湾などで繰り返し発生している．高潮も波の一種であるが，周期が数時間と非常に長いので，波というよりむしろ海の水位が全体的に上昇する現象として観察される．高潮の発達には大気圧の低下による海面の吸い上げ効果と強風による吹き寄せ効果とがある．吸い上げ効果は，海面が大気圧の低下により吸い上げられる現象である．大気圧が 1 hPa 低下すると海面は約 1 cm 上昇するので，台風の中心気圧が 910 hPa 程度になると，海面が約 1 m 上昇することになる．吹き寄せ効果は，強風が吹き続けることにより，湾の奥に海水が吹き寄せられて海水面が上昇する現象である．

　海での巨大波の出現は，いろいろな条件が重なり合う確率的な現象である．人工的には巨大波が生成しやすい条件をシミュレーションし，その条件で巨大波をつくることができる．深い水槽の端から板を振動させて平面波をつくることができる．このとき，最初に波長の短い波を送り出し，次第に波長の長い波を送り出す．波長の長い波は式（2-2）で表されるように速度が大きいので，あるところですべてが重なるように調整できる．海洋安全技術研究所の深海水槽造波実験施設では巨大波をつくっている．

図 2-7　函館市の立待岬付近で観測された三角波
　　　　［出典：(株) マリンプラザ伊藤ホームページ］

> **まとめ**　波の高さは波の底から山までの距離である．波の高さは一定時間の記録で高いものから順に 1/3 を選んで平均した有義波高をよく使う．有義波高はセンサと GPS をつけたブイや超音波波高計で測定されている．進行方向の異なる二つの波がぶつかると三角波と呼ばれる急峻な波の山がされる．台風などによる高潮は大気圧の低下による海面の吸い上げと強風による吹き寄せ効果とによる．

《30》

7話　波の速さはどのように決まるか？

　海では，いろいろな方向に進むさまざまな周期の波が重なるため，各波の高さ・長さ・方向は不規則である．ある方向に進む1つの波に注目してみると，水深が一定であれば水面の波形は変化せず，そのままの形で一方向に進んで行く．その波 η は x 方向に伝播する正弦波として次のように表される．

$$\eta(x, t) = a \sin(kx - \omega t + \varepsilon) \tag{2-3}$$

ここで，a は波の振幅，ε は基準位相，k は波数で波長 L との間に $k = 2\pi/L$ の関係がある．ω は角周波数で波の周期 T との間に $\omega = 2\pi/T$ の関係がある．波面での全体的な位相を θ とすると，

$$\theta = kx - \omega t + \varepsilon \tag{2-4}$$
$$dx/dt = \omega/k = L/T = C \tag{2-5}$$

となる．波速 C で移動する座標から見ると，位相 θ は $x = Ct = (\omega/k)t$ を式（2-4）に代入してわかるように一定値をとる．ここで，C は位相速度と呼ばれる．位相速度は式（2-5）に示すように波長 L に比例し，周期 T に反比例する．式（2-5）の位相速度は海の深さの影響を受けない表面波の式（2-1）に相当する．

　式（2-3）を一般化して，波が (x, y) 平面を進み，なおかつ振幅の等しい二つの波が重なる合成波を考える．二つの波の波数 k_{x_1}, k_{x_2} と周波数 ω_1, ω_2 がほぼ等しくそれらの差をそれぞれ，Δk_x，$\Delta\omega$ とすると，合成波は次式のようになる．

$$\eta = 2a \cos(\Delta k_x x - \Delta\omega t) \sin(k_{x_1} x - \omega t) \tag{2-6}$$

ここで，Δk_x は k_x に比べて，$\Delta\omega$ は ω に比べて比べて非常に小さいので，式（2-6）の $\cos(\Delta k_x x - \Delta\omega t)$ は時間的，空間的に緩やかに変化する．式（2-6）の空間的変化を図 2-8 に示すが，これは二つの波の合成によってできた波群を示している．ここで，$2\pi/\Delta k_x$ は緩やかに変化する包絡波（波群）の波長を，$2\pi/k_{x_1}$ は元の波（搬送波）の波長を示している．搬送波は元の波の位相速度 C に近い速度を持つが，緩やかに変化する包絡波は C_g という群速度を持ち，以下のように示される．

$$C_g = (\Delta\omega/\Delta k)_{\Delta\omega \to 0, \Delta k \to 0} = d\omega/dk \tag{2-7}$$

実際の波ではわずかに違う波長の波がいくつも重なり合って波の束（波束）をつくり，うねりとなって進む．個々の波の伝わる速さは位相速度，波束が伝わる速さは群速度である．深水波の波では波長に分布がありそれぞれ速度が違うので分散性があると呼ばれる．分散性がある深水波の群速度は位相速度の 1/2 になる．

　波のエネルギーは群速度で伝わるので，うねりの到達時間の計算には位相速度ではなく群速度を用いる．台風が南太平洋で発生して北緯 20°線を越えると，うねりが日本列島に到達しはじめることが経験的に知られている．台風からのうねりが 1 500 km 以上の距離を 2 日程度の時間をかけて日本列島に到達する．仮に，うねりの波長が 250 m とすると，式（2-1）より波速は約 20 m/s（72 km/h）になる．ただし，この速度は位相速度なので到達時間の計算には使えない．それで，位相速度の 1/2 の群速度 10 m/s（36 km/h）を使う．伊豆大島と北緯 20°付近までの最短距離はおよそ 1 600 km なので，うねりの群速度 36 km/h で割ると，44.4 時間という結果が出る．小笠原の南，北緯 20°付近にある台風からのうねりは，2 日近くでやってくる．台風が日本近海からずれて台湾方面から大陸へ上陸して衰弱しても，日本近海では 2〜3 日はうねりがおさまらないという経験と合致している．うねりが伝わる速さは時速 100 km 以上に達することもある．

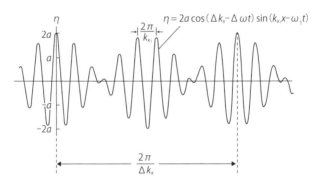

図 2-8　波長がわずかに違う波の重ね合わせによる波群の発生

まとめ　海にはいろいろな波があるが，個々の波の速度を位相速度という．波長がわずかに違う波の重ね合わせで波束が群れを形成して進む波の速度を群速度という．深水波では群速度は位相速度の 1/2 である．台風などによるうねりは波束の群れなので群速度で進む．遠くの海域で発生したうねりの影響が 2 日以上も続くのはそのためである．

コラム

砕　波

　波が発達して波高が高くなると，波形勾配が急になって波が砕ける．この現象を砕波という．波が高くなって水の動きが激しくなると，海面では水の動く速度が波の移動速度を超えて，波がしぶきとなって前方に飛び出す．水の動きは波の山で円運動速度が最大になるので，波の山の付近で波が砕けやすい．理論によると，砕波が始まる波形勾配は 1/7，波の山の前面と後面がなす角度は 120°である．実際の海では，波形勾配が 1/25 くらいから波が砕けはじめ 1/10 でほとんどが砕波する．

　波打ち際では砕波が起こりやすい．その原因は，浅い海岸では波の速度は式 (2-2) で，浅いほど波速が遅くなるが波の中の円運動はそれほど遅くならないことによる．そのためどこかの時点で波の山の位置での回転円運動の速さが波速よりも速くなる．波の山では水深が深く谷では浅いことで，山が谷に追いつき追い越すことによって砕波が発生する．

　海岸で磯波を観察していると，砕波の形状が場所や場合によって異なる．崩れ波型の砕波は，横一列になって進んでいる波の山が風に吹かれて尖って波頭が白く泡立つように崩れて砕ける．巻き波型は，**図 2-9** に例を示すように，波の前面が次第に急になり切り立った崖状になって波の山が前に覆いかぶさって前方に投げ出されて砕ける．砕け寄せ波型は，巻き波のように波の前面が切り立ってくるが，途中で足元の方から崩れて泡立ち乱れた状態で斜面を這い上がる．崩れ波型は海底勾配が緩やかな海岸に急峻な波が侵入するとき，巻き波型は波形勾配の穏やかな沖波が海底勾配の急な海岸に侵入するとき，砕け寄せ波型はその条件がさらに強まるときに起こりやすい．サーファーは巻き波型や崩れ波型をよく好む．

図 2-9　波打ち際に現れた砕波

第 **3** 章

地震波と地球の内部構造

大地震が発生すると，地殻を伝わり付近に災害をもたらすが，地震波は地球内部にも伝わり地球の裏側でも観測される．地球内部の構造は，地殻，マントル（上，下），外殻，内殻からなっているが，地震波の解析によってその性質が明らかになりつつある．そのような解析に地震波の波（縦波と横波）としての性質が役立っている．

1話　地震波はどのように発生するか？

　地震の揺れが起こると，地殻をつくっている固体の成分が力を受けて変形する．固体が**図3-1**の左側のように押されて変形し，元に戻ろうとするバネの要素がある．このとき固体の弾性力が変形の復元力によって振動する．**図3-1**の左側では圧縮された場所が時間経過a，b，cとなるにしたがって右側に移動している．圧縮された場所は体積が縮小し，伸ばされた場所は体積が増加して疎密波となって振動と同じ方向に進行する．これは**図1-5**に示した疎密波（縦波）と同様で，地震波ではP波（第1波の意味）と呼ばれる．

　また，固体には気体や液体にはない横波と言われる波がある．横波は波を伝える固体（媒質）が**図3-1**の右側のように波の進行方向と直角に振動する．**図3-1**の右側では上方に変位した場所がa，b，cとなるにしたがって右側に移動している．この振動は固体をずらす方向なので，せん断力が復元力となって振動が伝わる．このせん断波による横波の地震波をS波（第2波の意味）と呼ぶ．

　2000年6月4日のスマトラ沖大地震を静岡県で観測した地震波を**図3-2**の一番上に示す．図の右端のZという記号は，上下方向の振動成分，RとTは地表に平行な振動の2成分を表している．まず最初に観測されるのはP波で，初期微動を起こす．速度は岩盤中で5～7 km/sである．次にS波が観測されていて，進行

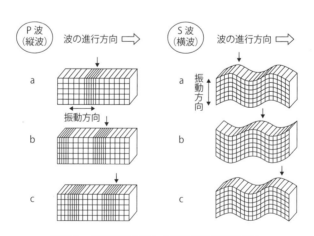

図3-1　地震波のP波とS波の振動伝播モデル

方向と直角に振動する弾性波（横波）で，速度は岩盤中で 3 ～ 4 km/s である．地震では伝播速度の大きい P 波がまず到達して次に S 波がやってくるので，その間の時間が何秒あるかで震源地までの距離が推定できる．縦波（5 ～ 7 km/s）と横波（3 ～ 4 km/s）の差に秒数を掛けた数が距離となる．**図 3-2** では P 波から S 波までに 10 分近くかかっているのでこの地震は遠くで発生していることがわかる．

S 波の次に大きな振幅の波が観測されている R1, G1 という記号は表面波によるものである．表面波は表面を伝

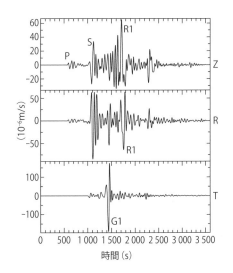

図 3-2 地震波の一例

わる波で縦波と横波の両方の性質を持っていて，レイリー波とも呼ばれる．縦波が表面を伝わる場合を考えると，空気による力はほとんど無視できるので**図 3-1** の左側で振動による変形は空気側に盛り上がる．その結果，表面波は縦波に横波の成分が混じることになる．縦波の速度は岩石の弾性係数，横波はせん断弾性係数によって支配されるが，表面波は表面付近の地殻を形成する物質の弾性係数などに依存する．表面付近に関東ローム層のような柔らかい地層があると周期の長いゆっくりとした振動モードになる．

まとめ　地震の揺れが起こると地殻が圧縮応力を受けて振動する P 波とせん断力による S 波とを生ずる．P 波は地震で最初に到達する縦波で，S 波はそれに続く横波である．P 波と S 波の速度はそれぞれ岩石の弾性係数およびせん断弾性係数に依存する．地震波には表面を伝わる表面波があり，一般に長周期で振幅が大きい．

2話　地震波で地球の固有振動がどのようにわかるか？

　世界で数年に一度巨大地震が起こる．南米で起きた巨大地震の揺れは地球の内部を通り日本でも観測される．地震波を解析することで地球の性質が推定できる．

　図3-3は**図3-2**のスマトラ沖地震と同じ地震の地震波の鉛直方向の上下動を2日間にわたって記録したものである．大きな波の束が時々やってきて，次第に振動が小さくなっている．このように，大地震が起きると地球は何日間も振動を続ける．12時間周期のゆっくりとした変動が見られるが，これは月の引力によって発生する潮汐力によって固体地球が伸び縮みしていることを示している．

　図3-2は同じ地震による地震波の始めの1時間の記録である．時間を短くした分，初期の振動の詳細が見える．図の右端に振動方向の成分Z, R, Tが示されているが，これは観測点における地震計の3方向成分を示す．Z成分は上下方向の成分，R成分は震源から観測点への方向，T成分はこれらに垂直で地表に平行な成分である．Z成分のみにP波が大きく観測され，それ以外はZ成分とR成分の振動形は似ている．また，T成分の波形は表面波の振動を強く反映している．ここでR1, G1な

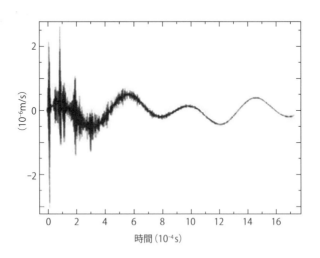

図3-3　スマトラ沖大地震による地震波の2日間の記録
［出典：川勝　均 編『地球科学の新展開1
地球ダイナミックスとトモグラフィー』朝倉書店，
2002］

どの記号は表面波の波群でいろいろな周波数を持っている．表面波は地表付近の構造を反映した伝播速度を持ち，大きな地震が起きると地球を何周も回る波が観測される．

図 3-2 に示すような地震波は横軸に時間をとった時系列記録であるが，いろいろな周波数を持った波が重なっている．ここで，48時間の時系列データを

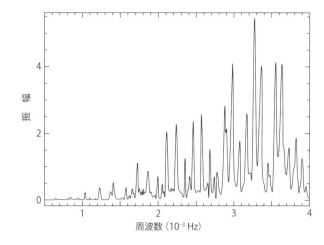

図 3-4 スマトラ沖地震波の周波数スペクトル
［出典：川勝 均 編『地球科学の新展開1 地球ダイナミックスとトモグラフィー』朝倉書店，2002］

さまざまな周波数を持った正弦波の重ね合わせと見て周波数領域のデータに書き換えたものを図 3-4 に周波数スペクトルとして示す．ここで，横軸は周波数で縦軸は振幅である．例えば 3.3×10^{-3} Hz で最も大きい振幅があったことを示している．振動のエネルギーは連続的に変化するのではなく，ほぼ等間隔に並ぶ周波数に集中している．このような周波数解析に現れる特長はどの地震のいかなる観測点でも現れるので，地球の固有振動によるものと解釈できる．地球の固有振動とは大地震によって誘起される北極-南極方向に伸びたり縮んだりする振動で縦の回転楕円体と横の回転楕円体が交互に現れ，53.9 分の周期を持っている．図 3-4 において振動のエネルギーがほぼ等間隔に並ぶ周波数に集中しているのは固有振動による振動だけでなく，バイオリンの弦などと同じように倍音の振動も観測されるためである．

まとめ 巨大地震による地震波は地球の反対側にも届く．地球の内部を通ってきた地震波を詳しく解析することで地球のいろいろな性質を推定できる．長周期の地震波からは月の引力によって発生する潮汐力による振動が観測される．長周期の地震波の周波数解析からは地球の固有振動とその倍音が観測される．

3話　地震波の屈折からどのような情報が得られるか？

　地震波も波の一種だから縦波と横波があり，波の波長や振動数で特徴づけられる性質がある．地震波が地球内部を進むとき，異質な媒質にぶつかると反射や屈折が起こる．屈折に関しては式（1-7）のスネルの法則が適応できる．地震波が屈折するとその地震波速度が変わるので地球内部の構造を推測することができる．

　地震波の観測から，地球内部の地震波速度分布（深さと速さの関係）を得ることができる．このP波の速さ（V_p）とS波の速さ（V_s）は，密度（ρ），体積弾性率（K），剛性率（G）を使うと，次式で表わすことができる．

$$V_p = ((K+(4/3)G)/\rho)^{1/2} \tag{3-1}$$
$$V_s = (G/\rho)^{1/2} \tag{3-2}$$

　ここで，既知数がV_pとV_sに対して未知数が三つ（K, G, ρ）あることになる．そこで，そのほかの合理的な仮定，例えばある深さにおける圧力は，その上にのしかかっている重さに等しいなどという仮定を設けてK, G, ρを求めることができる．

　地震が起こったときに地球の各地点でP波とS波を測定すると，**図3-5**に示すように震源から地球内部を凸の滑らかな曲線を描いて地表に到達する．地球内部は深くなるほど岩石の体積弾性率（K）や剛性率（G）が大きくなるので地震波の速度が速くなる．そのためスネルの法則によって，**図3-5**に示すように屈折角が大きくなる方向に連続的に曲がる．

　ところが，モホロビチッチは地球内部において地震の初期微動であるP波の速

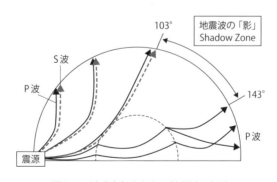

図3-5　地球内部を伝わる地震波の経路

第 3 章　地震波と地球の内部構造　　《 *39* 》

さが変わる場所を発見した．この場所を，モホロビチッチ不連続面（モホ面）と呼んでいる．モホ面は地殻とマントルの境で，地震波の速さや密度がマントルで大きくなる．モホ面の深さは大陸部で深く，大洋底で浅い．海底底では地下約 5 ～ 7 km の場所にあり，大陸では地下約 25 ～ 75 km の場所にある．

さらに，モホ面は地震波の速さが不連続に変わる程度だが，より地球内部に S 波が通らない不連続面があることが分かった．**図 3-5** に示すように震源から深い方向を進んだ P 波は不連続面を屈折して伝わるが，S 波は 103°よりも遠いところには伝わらない．S 波は横波なので液体中は伝わらないので，地球の中心附近には，液体があるらしいことがわかった．これはグーテンベルグ面と呼ばれ，これより内部は液体の鉄が主成分であることがわかった．P 波はグーテンベルグ面で屈折して 143°以上の地球の裏側に達する．震源から 103°～ 143°までの範囲は地震波が伝わらない範囲で「地震波の影」と呼ばれている．グーテンベルグ面はマントルと核との境界である．

さらに，核の内部にも不連続面があることがレーマンによって発見された．レーマン不連続面では，液体鉄の外核の中に固体鉄の内核があるとされている．レーマンはこれまで地震波である P 波も S 波も届かないと考えられていた「地震波の影」にも地震波が微弱ながら届いていることを示した．これは液体の鉄は粘度が高く，対流によって異方性が生ずるために S 波も微弱ながら伝わるものと考えられている．

このように，地震波を使って地球内部の状態を診断する方法を地震波トモグラフィーという．

㋵㋔㋰　　地震波の P 波や S 波は震源から地球内部を凸の連続的な曲線を描いて地表に到達する．これは内部ほど体積弾性率や剛性率が大きく地震波の速度が速いからである．また，地殻とマントルとの境界，マントルと核との境界，外核と内核の境界にそれぞれ不連続面があり，地震波の性質が変わる．

4話 地球の内部構造はどうなっているか？

地震波の解析によって，地球内部にはモホ不連続面，グーテンベルグ不連続面，レーマン不連続面があり，地球の内部構造には少なくとも地殻，マントル，外核，内核があることわかる．

図3-6は地球内部の地震波速度V_p，V_sと，それをもとに計算した密度ρのグラフである．図3-6によると，地殻付近の地震波速度の深さに対する依存性はかなり複雑で，マントルがいくつかの層に分けられることが示唆される．P波の速度は200，410，660 kmで階段状の増加がある．これはより硬い岩石の層があることを示している．深さ410〜660 kmの範囲はマントル遷移層と呼ばれている．マントルはおおまかに，上部マントル，マントル遷移層，下部マントルに分けられる．図3-6によるとマントルは地震波のS波が伝わることから固体である．

深さ2 900 kmにはマントルと外核の境界（CMB）があり，外核ではS波が観測されていない．これは外核が液体であることを示す．内核は固体でS波も観測される．

マントルでのP波の速度が外核や内核での速度に比べてかなり大きいが，これは式（3-1）からわかるように，マントルでの密度が外核や内核に比べて小さく，体積弾性率や剛性率が外核や内核に比べて大きいためと考えられる．

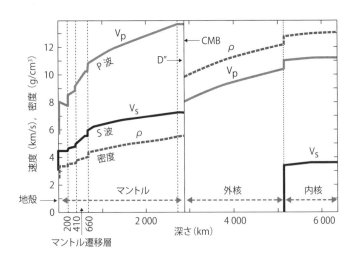

図3-6　P波とS波の速度と地球の内部構造

図 3-7 に地球の内部構造の組成と鉱物相を示す．60 km の深さまでは地殻と呼ばれるが，鉱物相としては花崗岩または玄武岩となっている．花崗岩の主成分は SiO_2 で副成分として Al, K, Na を含む．玄武岩の主成分は SiO_2 で副成分として Ca, Al, Mg, Fe を含む．60〜660 m の深さはマントル上部で，鉱物相は 440 km まではかんらん石，440〜660 km はマントル遷移層と呼ばれ，鉱物相はスピネル相である．かんらん石の組成は $(Mg, Fe)_2SiO_4$ が主成分で微量成分として Ca, Al を含む．660 km の深さにはマントル上部と下部の境界があり，マントル下部ではペロブスカイト相となる．ペロブスカイト相の組成は $(Mg, Fe)SiO_3$ が主成分で微量成分として Ca, Al を含む．2 900 km より深い層は外核と呼ばれ液体の鉄，ニッケル合金となっていて，硫黄と酸素が溶け込んでいる．外核は液体であるため S 波が通らないとされている．しかし，粘性があるためゆっくり流動していて異方性があるため S 波もわずかに伝わる．深さ 5 100〜6 400 km の領域は内核で鉄合金の固体である．

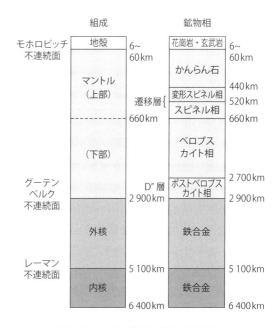

図 3-7　地球の内部の組成と鉱物相

> **まとめ**　地震波の P 波や S 波速度の不連続面から地球内部には地殻，マントル，外核，内核があることがわかる．200，410，660 km でも P 波速度の階段状の増加があり，マントルは上部マントル，マントル遷移層，下部マントルに分けられる．上部マントルはかんらん石，マントル遷移層はスピネル相，下部マントルはペロブスカイト相になっている．外核は液体状の鉄合金，内核は固体状の鉄合金である．

5話 地球内部の温度・圧力と力学的性質は？

地球の内部構造と力学的性質および温度・圧力との関係を図3-8に示す．地殻/マントル境界，マントル上部/マントル下部境界は，組成や鉱物相と力学的性質との間に対応関係が見られない．地殻は高剛性のリソスフェアと呼ばれる性質を示すが，高剛性の領域は60〜100 kmの深さまで伸びている．マントル上部で100〜300 kmの領域は流動性を示すのでアセノスフェアと呼ばれている．660 kmの深さにマントル上部/下部の境界があるが，力学的性質は300〜2 900 kmの深さまで高剛性（メソスフェア）と変わらない．

地球内部の温度と圧力を図3-8の右側に示している．地球内部の中心では364万気圧，5 500℃の高温・高圧である．深くなるほど圧力が大きくなるのは，物質の重量の断面について深さ方向の積分値が大きくなるためである．内核の5 100〜6 400 kmの深さで温度が5 000℃以上なのに鉄合金が固体であるのは圧力が330万気圧以上と高いため，原子の動きを制限しているためと考えられる．マン

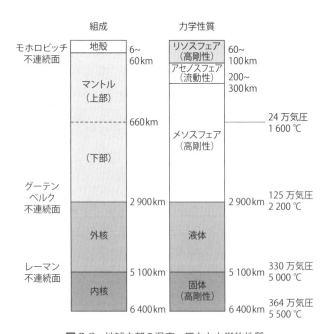

図3-8 地球内部の温度・圧力と力学的性質

トル上部/マントル下部境界では24万気圧，1 600℃と推定されているが，マントル内部の温度と圧力がマントルの動きを決めている．

地球内部で温度が高いのは，微惑星が衝突合体して地球が形成したときの重力エネルギーが熱に変換されたものに加えて，U，Th，K などの放射性元素の崩壊による熱があるからである．これらよる熱が地球に火山を生じさせたり，地震を起こしたりする原因になっている．マントル上部/マントル下部境界では温度が約1 600℃と推定されている．

地殻とマントル上部は図3-9 の右側に示すように一体となって運動している．この部分は硬い部分で，リソスフェア，またプレートと呼ばれている．リソスフェアの厚さは海で70 km 程度，陸では100 km 程度である．この下に地震波の低速度層がある．地球表面は何枚かのプレートに覆われていて，そのプレートは相互に移動している．地殻とマントルとの境界（モホロビッチ不連続面）は，リソスフェアの中にある．リソスフェア（プレート）は，柔らかいアセノスフェアの上に乗って動いている．アセノスフェアという領域が100～300 km の深さまである．

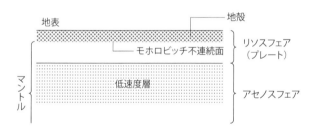

図3-9　地殻，マントルの力学的な性質の深さ方向の分類

まとめ　地殻とマントルの力学的性質は鉱物相との対応が見られない．地殻とマントルの最上部はプレートとして一体的に動く硬い部分である．マントル上部で流動性を示すアセノスフェアという領域が100～300km の深さにある．地球内部の温度と圧力が深部に行くほど高くなっている．マントル内部の温度と圧力がマントルの動きを決めている．

コラム

地震波トモグラフィー

　1960 年代以前から地球内部の構造はほぼわかっていたが，なぜ地震や火山が地球上の決まった位置に存在するかなど，地球内部の活動の根本を説明することはできなかった．1960 年代にプレートテクトニクスの方法が確立され，プレートやマントルの動きが地震や火山活動のカギを握っていることが明らかになると，プレートが動く原動力は何かなど，地球内部の動的な動きに関する疑問が強くなってきた．

　そのような疑問に答えるためには，地球の平均的な球対称構造ではなく，水平構造の不均質を含む 3 次元的な構造を知らねばならない．1980 年代以降地震波のデータを解析して地球内部の 3 次元的な構造を描き出す手法として地震波トモグラフィーが開発されてきた．この手法は医療分野の断層撮影（CT スキャン）と似ている．CT スキャンの場合は，片側から X 線を照射し反対側で人体を透過してくる X 線の強度を測る．この測定を人体を囲むように 360° 回転させて行うことで内部の断層画像を得ることができる．

　地震波トモグラフィーの場合も原理が似ているが，地震波の場合は強度ではなく伝播時間を使う．地球内部のある部分に不均質な構造がある場合は，地震波の速度が変化する．ところが，CT スキャンの場合はすべての部位の断層写真が撮れるのに対して地震波の場合は地震計を設置する位置は主として陸地に限られる．震源が海底にある場合は，近くに地震計を設置することが困難なので，地下数百 km の構造を調べるには表面付近を通る表面波が用いられる．表面波の伝播速度は周期が長いほど深部の影響を受けて速くなる．表面波の伝播速度を周期ごとに測定することによって地下構造の推定が可能になる．地震波トモグラフィーの手法により，プレート境界の位置が特定され，地震活動や火山活動との対応が示されている．また，マントル対流など地球内部の挙動が明らかになりつつある．

第 **4** 章

地殻変動と地震・津波

大地震の原因はマントル対流によってプレートが動き，プレートの境界で歪みが蓄積し，ある時点で破壊が起こることである．この章では，地震と津波が起こるメカニズム，阪神・淡路大震災と東日本大震災の原因と津波の発生，今後起こる可能性のある首都直下地震と東南海地震の被害想定，地震による液状化現象，制振と免震の方法について紹介する．

1話 地殻とマントルはどのように変動しているか？

　地殻はマントルの一部が溶けてできた軽いマグマが上昇し地表付近で固まったものである．地殻はマントルの成分に比べて密度が小さく，地震波速度が小さい．地殻は玄武岩からなる海洋地殻と，花崗岩などからなる大陸地殻に分類される．海洋地殻の厚さは場所によらず約7 kmと一定であるが，大陸地殻の厚さは地域によって異なり平均は約35 kmで，ヒマラヤでは70 kmにおよぶ地域もある．

　地表近くの厚さ約100 kmの層が活発に更新され，それに伴って大気成分や水も地中と表層との間で循環している．地球の表面は厚さ約100 kmの複数枚の剛体の球殻（プレート）で覆われ，それらがアセノスフェアという流動性に富んだ層の上を互いに運動している．プレート自身はあまり変形せず，プレートとプレートの境界に変形が集中する．また，海洋地域にある海洋プレートは，海洋の中央付近にある海底山脈，すなわち太洋中央海嶺で生成され，太洋の縁にある海溝で沈み込んでマントル深部へと戻っていく．この海洋プレートの循環によって，地球内部の熱の放出と物質のリサイクリングが行われ地表面が更新される．

　図 4-1 にプレートとマントル対流の概念図を示す．マントル対流といっても気体や液体のように高速で動いているのではなく，固体であるマントルが長い時間を

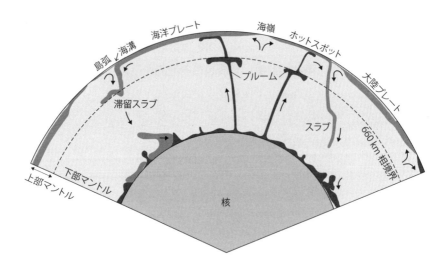

図 4-1　プレートとマントル対流の概念図

第4章　地殻変動と地震・津波　《47》

かけてゆっくりと動いている．マントル上部とマントル下部で別々に対流するという二層対流モデルとマントル上部とマントル下部の 660 km 境界を突き抜ける一層対流モデルとがある．660 km 不連続面はマントルを滞留させる要因となるが，不連続面を突き抜けて外核境界にまでマントルが沈み込むこともあり，地球の歴史の中で二層対流と一層対流の時期が交互に現れたとされている．現在のマントル対流の基本的なパターンは中央太平洋とアフリカの地下深くにマントル上昇流があり，環太平洋の海溝地下深くにマントル下降流があることが，地震波およびジオイドのデータからわかっている．ここで，ジオイドとは地下の密度の不均一によって重力の大きさが変わるため海面が数十 m の大きさで盛り上がったり沈み込んだりする現象である．図 4-1 では 660 km 不連続面に横たわるスラブ（マントル中の海洋プレート）と外核境界にまで沈み込むスラブの両方が示されている．

　海嶺ではマントル上昇流によって運ばれた高温のマントル物質の一部が溶融してマグマが海底に噴出・固化して新しい海洋地殻をつくる．海洋プレートが海嶺で生成したのち，海底を移動して行く間に冷却し冷たく重くなったためにマントル中に沈み込む場所が島弧*である．島弧は比較的低温だと考えられるが火山活動は活発である．その理由は，島弧では海嶺と違って地殻のリサイクリングが行われ，マグマの化学組成が違うためと説明されている．

　図 4-1 の中央付近にはマントル／外核境界層からきのこ状になって上昇するプルームを示している．プルームとはマントル深部からホットスポットに至るマグマの経路である．地球史上大規模なプルームが何回かあり，スーパープルームと呼ばれている．スーパープルームの起こる原因としては上部マントル／下部マントル境界に堆積していたスラブが一気に下部マントルに崩落する反流として発生するというモデルなどが出されている．プルームの結果，地表付近では火山活動が活発になりホットスポットを形成する．ホットスポットは世界で数十か所が知られている．

* 島弧：深い海溝の陸側に沿ってある弧状の島列で，日本列島，アリューシャン列島などがある．火山活動，地震活動が活発である．

まとめ　　地球の表面は厚さ約 100 km の複数枚の剛体のプレートで覆われそれらが互いに運動している．海洋地域にある海洋プレートは，海洋の中央付近にある太洋中央海嶺で生産され，太洋の縁にある海溝で沈み込んでマントル深部へと戻る．マントル深部から上昇するプルームによって火山活動が活発になりホットスポットを形成する．

2話 プレートテクトニクスとは？

　プレートテクトニクスは1960年代に地球科学的な諸現象を統一的に解釈した革命的ともいえる理論である．地球の表層は厚さ約100 kmの剛体的挙動をするプレート十数枚で構成されており，プレートの運動により地震，大陸の移動，火山の分布，地殻変動などの現象を統一的に説明できる．1980年代以降全地球を覆うデジタル地震観測網の充実や地震データ解析手法の進展によって全地球を対象とした地震学が進展し，地震波トモグラフィーによる地球内部の断層撮影が可能になった．

　図4-2に地球上の主なプレートと移動方向を示す．地球上で発生している大きな地震のほとんどがプレートの境界で起きている．個々のプレート間の相対速度は海洋底の地磁気の縞模様，海底地形，地震の起こり方，陸上の地磁気データなどから数年～数億年の時間スケールで決められてきた．これらの地質学的なプレート運動のデータが近年のGPSなどで測定されたデータとほぼ一致している．

　プレートテクトニクスの主な構成要素を図4-3に示す．海洋地殻は海嶺に向かってマントル上昇流によって運ばれた高温のマントル物質の一部が融解してマグマを発生して形成される．海洋プレートの端は海溝に沈み込み帯を形成する．図4-3には示されていないが，大陸衝突帯による大陸地殻形成もある．ヒマラヤ山脈はインド・オーストラリアプレートとユーラシアプレートとの衝突により形成された．

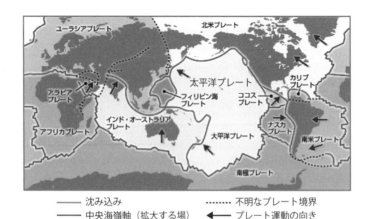

図4-2　地球上の主なプレートと移動方向

第 4 章　地殻変動と地震・津波　《 49 》

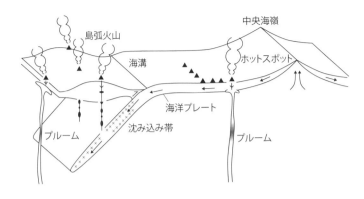

図 4-3　プレートテクトニクスの主な構成要素

　プレート境界によらない火山活動としてハワイなどの孤立したホットスポット火山がある．ホットスポット火山はマントル深部からのプルームがハワイなどのホットスポットに吹き上げたと考えると図 4-4 に示した火山列がうまく説明できる．マントル深部からのプルームの位置が不動で，現在の太平洋プレートが 4 300 万年前まで西北西に移動したと考えるとハワイ諸島の火山列が，4 300 万年前から 7 500 万年前までは太平洋プレートが北北西に移動していたと考えると天皇海山列が説明できる．太平洋プレートと北米プレートとの間の相対移動速度が年間約 8 cm なので，4 300 万年の間北米プレートが年間 8 cm 移動したと仮定すると図 4-4 の 0 と 43 で示した間の距離が 3 440 km と計算され，現在の距離とだいたい一致する．

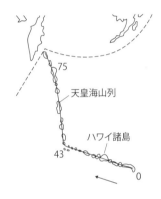

図 4-4　ハワイホットスポットのつくりだした火山列

> **まとめ**　プレートテクトニクスでは，地球の表層は厚さ約 100 km の剛体的挙動をするプレート十数枚で構成されるとし，プレートの運動により地震，大陸の移動，火山の分布，地殻変動など多くの現象を統一的に説明できる．その主な構成要素は，海嶺，海洋プレート，地殻プレート，海溝，島弧，大陸衝突帯，ホットスポット火山などである．

3話 地震はどのようにして起こるか？

　世界で発生した大地震のほとんどが図 4-2 に示すプレートの境界で起き，海洋プレートが陸側のプレートの下に沈み込む海溝型地震がほとんどを占める．厚さ 100 km もある海洋プレートが自らの重みで毎年数 cm マントルへと沈み込むことによっていろいろな現象を引き起こす．

　図 4-5 に日本付近のプレートを示す．日本付近にはプレートの境界が集まっており，そのため日本が世界の中でも地震の多い地域となっている．プレートの境界にはトラフもあるが，トラフとは海溝より浅く幅広い溝である．

　図 4-6 に海溝型巨大地震発生の仕組みを示す．①は地震が発生する前の海洋プレートの運動を示している．②は地震発生直前の様子で，海洋プレートの運動によって陸側のプレートが押されるとともに下方に引きずり込まれ半島先端部が沈下する．③は地震発生時の様子で，海と陸のプレートの境界が破壊してずれ，これまで押され引きずり込まれていた陸側のプレートが反発して戻る．この結果，半島の先端は大きく上昇し，先端部より少し陸寄りの地域は沈降する．ここで半島先端部とは例えば関東大震災では三浦半島や房総半島を指す（③で陸の先端部は海面より上にある）．

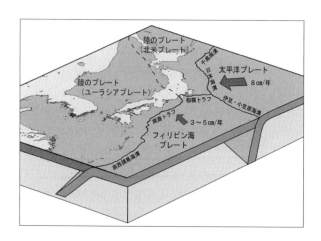

図 4-5　日本付近のプレート
［出典：気象庁ホームページ「地震発生のしくみ」］

地震の発生する深さは100 km以下であることが多いが，600 km程度の深さでも地震は起こる．300 kmより深いところで起こる地震を深発地震と呼んでいる．700 kmより深いところでは地震は発生しない．その理由は，700 kmより深いところでの温度は1 700℃以上と高温で粘性があり岩石が脆性破壊しないからである．深発地震が起こる理由はかんらん石がスピネル相に相転移しやすい温度と圧力領域になっており，相転移によって発生したマイクロクラックが岩石破壊を起こしやすいためと説明されている．

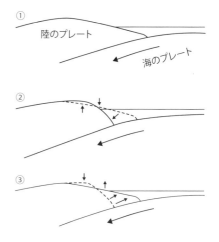

図 4-6 海溝型巨大地震発生の仕組み

直下型地震は，海溝型地震に比べて規模が小さく，また被害範囲も20～30 km程度と小さい．しかし，震源が浅い場合は大きな被害をもたらす．また，この型の地震は予知することは，ほとんどできない．海洋プレートの動きは，海溝型地震の原因となるだけでなく，陸のプレートを圧迫し，内陸部の岩盤にも歪みを生じさせる．歪みが大きくなると，内陸部の地中にあるプレート内部の弱い部分で破壊が起こる．内陸地震には（1）地表近くの活断層による地震（2）フィリピン海プレート上面に沿うプレート境界型地震（低角逆断層型）（3）フィリピン海プレートの中の内部破壊による地震（4）太平洋プレート上面に沿うプレート境界型地震（低角逆断層型）（5）太平洋プレートの中の内部破壊による地震のタイプがあるとされている．

> **ま と め** 大地震のほとんどが海洋プレートが陸側のプレートの下に沈み込む海溝型地震である．海洋プレートの運動によって陸側のプレートが下方に引きずり込まれ先端部が沈下し，その反動で海と陸のプレートの境界が破壊してずれ，陸側のプレートが反発して戻る．直下型地震は活断層などによって起こるが，規模が小さくても震源が浅い場合は大きな被害となる．

4話　津波はどのようにしてやってくるか？

　海底で起きた地震が原因で，海水が陸地に押し寄せる現象を津波という．地震のメカニズムと津波との関係を図4-7に示す．海底の地層に，図4-7の上の図に示すような縦ずれ（図は逆断層を示す）が発生した場合は大きな津波が発生する．また，図4-7の下の図に示すような横ずれの場合は津波が発生しないか，発生しても小さな津波となる．

　地震が発生してから津波が陸地に押し寄せるまでの過程を図4-8に示す．地震発生によって（1）のようにプレート境界で海底面の沈降と隆起が同時に発生し，それに伴って海水の上下変動をもたらす．（2）海水の上下変動が波となって四方に伝わる．（3）水深が浅くなるところでは，波が重なり合って波が高くなる．（4）波が海岸に到達する．津波の高さは平常の潮位レベルから海岸に設置した検潮所の

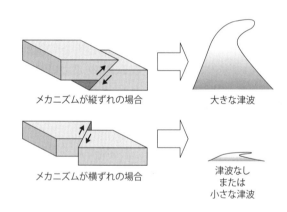

図4-7　地震のメカニズムと津波との関係

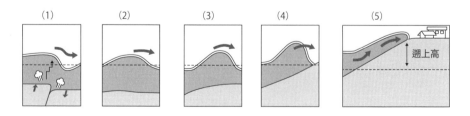

図4-8　地震発生から津波到達までの過程

潮位までの距離で定義されている．(5) 波が陸上を遡上し被害をもたらす．遡上した高さ（遡上高）も平常の潮位レベルからの距離で定義されている．

津波の高さは海岸線の地形にも大きく依存する．海岸線に突き出ている岬があるところでは，**図 2-5** に示すように波は岬の形に沿って押し寄せるため波が重なって波が大きくなる．このため三陸海岸などリアス式海岸では津波の高さが大きくなる．

風によって生じる波浪は海面付近の現象で，波長は数 m ～数百 m 程度であるが，津波は海底地形が変形することで海水全体が短時間に持ち上がったり下がったりして周囲に広がって行く現象である．津波の波長は数十 km ～数百 km と非常に長く，これは海底から海面までのすべての海水が巨大な水の塊となって沿岸に押し寄せることを意味する．津波の波長が非常に長いので，津波の速度は式（2-2）で示したように水深の平方根に比例する．津波が深さ 5 000 m の海域で発生したとするとその速度は 221 m/s となる．水深 10 m の海岸に押し寄せた津波の速度は 10 m/s に減速するが，それでも短距離走の選手が走る速度である．

地震の発生地点では津波の高さが 1 ～ 2 m くらいでも，海岸に押し寄せるときは 10 m を超える大津波になる．その理由は，水深が浅くなるにつれ沖から押し寄せる波は波長の長い波から順に遅くなり浅い海では波の速度がほとんど同じになり波と波との間隔が縮まり重なり合うからである．これは第 2 章 4 話で記述した長波のはなしと同様である．

1960 年南米チリ沖の M9.5 の巨大地震の際発生した津波は，日本まで 17 000 km を 22 時間半で到達した．これは時速にすると 750 km/h，日本に到達したときの周期はおよそ 40 分だったので，波長は 500 km ということになる．また，式（2-2）に入れて計算すると，太平洋の平均水深は 4 400 m となって実際とほぼ一致する．

㊉㊦㊛

まとめ　地震によって海底の地層に縦ずれが起こると大きな津波が発生する．地震発生により海底面の沈降と隆起が同時に発生し海水の上下変動をもたらす．海水の上下変動が波となって四方に伝わり，水深が浅くなるところで波が重なり合って高くなり海岸に押し寄せる．津波の波長は数十 km ～数百 km と非常に長くその速度は水深で決まる．

5話　阪神・淡路大震災はどのようにして起きたか？

　日本列島は，太平洋プレート，フィリピン海プレート，ユーラシアプレート，北米プレートの四つのプレートが押し合い，重なり合いながら境界部に大きな力が加わり，歪みが蓄積している地域である．日本列島に作用している力は活発な地震や火山活動によって蓄積してきたエネルギーを時折放出している．その結果，地殻変動によって日本列島には活断層や火山が形成され，山地や盆地が複雑に発達する島弧に典型的な地形となっている．

　阪神淡路大震災は災害の名称で，地震の名称は兵庫県南部地震と呼ばれる．1995年1月17日早朝に明石海峡の地下17.7 kmを震源とするマグニチユード7.3の地震が発生した．その結果，阪神地域から神戸市を経て淡路島北部に至る地域が震度7で甚大な被害が発生した．淡路島の北西海岸に沿って長さ10.5 kmの地震断層が出現したが，被害が甚大であった神戸市中心部では地震断層が発見されなかった．震源，震源断層と地震断層との関係を図4-9に示す．この地震は従来繰り返し地震を起こしてきた活断層である野島断層によるとされている．活断層は過去数万年から数十万年という長い間にずれ（大地震）が繰り返し発生したため，そのずれが蓄積して地形や地質に現れたものである．

　兵庫県南部地震後1カ月後の余震域と波形観測を基にしたコンピュータシミュレーションで推定された震源断層モデル（A〜E）を図4-10に示す．震源の明石海峡から淡路島側（A）に断層面の広い範囲に最終的なずれの量が数m以上に達した．これは野島断層に沿って地震断層が出現したことと一致する．神戸市側（B, C）では断層深部でのみ数mに達するずれが生じた．

　神戸市側でも特に被害が大きかった震度7の地域は，長さ20 km，幅1〜2 kmの東北東に細長く伸びた帯状の地域であった．その理由の一つとして，柔らかい堆積層による地震波の増幅という現象が指摘されている．神戸市街の地下には，大

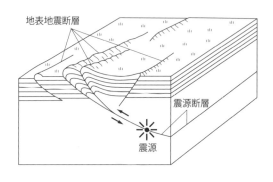

図4-9　震源，震源断層と地震断層との関係

阪層群と呼ばれる300万年〜30万年前に堆積した礫，砂，粘土からなる地層が1 000 mの深さに達している．神戸市直下の断層深部で発生したパルス状の波を含む地震波は，花崗岩の岩盤を通り抜けその上の柔らかい大阪層群で増幅されたものと考えられる．さらに，その地域の地下構造を詳しく調べた結果，花崗岩の岩盤は六甲山地と平野部との境界付近に位置する活断層の境から急激に深くなっていることがわかった．活断層深部で発生した地震波は，一つは神戸市街部直下の岩盤上端に到達して，その上の堆積層を伝わって増幅しながら地表に達する．もう一つは，北西側の六甲山地の花崗岩（地震波速度が速い）を伝わって浅いところまで先に到達して回折し，まだ地震波が到着していない堆積層の上方に滲み出す．その結果，直接波と回折波とが重なり合うため神戸市街の地下に甚大な被害をもたらす震災の帯が形成されたものと考えられる．

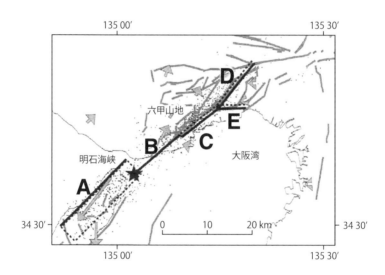

図4-10 兵庫県南部地震の解析に用いられた震源断層モデル（A〜E）

> **まとめ** 阪神淡路大震災は過去の大地震による活断層の活動によるとされている．地震断層は淡路島側で発見されたが，被害が大きかった神戸市側では発見されなかった．神戸市内で被害が大きかった理由は，柔らかい堆積層による地震波の増幅，もう一つは直接波と花崗岩層から堆積層に滲み出した回折波とが重なり増幅されたためと考えられる．

《56》

6話　東日本大震災はどのようにして起きたか？

2011年3月11日マグニチュード9.0の東北地方太平洋沖地震（東日本大震災）が発生した．この地震は**図4-6**に示すような典型的な海溝型地震である．

図4-11に東北地方太平洋沖地震発生前（a）と発生後（b）のプレートの様子をモデル的に示す．二つのプレート同士がしっかりと固着している面はアスペリティ（固着域）と呼ばれる．アスペリティがプレート境界でしっかりと固着していると，太平洋プレートの沈み込の影響で東北地方内陸部では西方向に圧縮力（**図4-11**（a）の矢印）が働いて，2008年岩手・宮城内陸地震（M7.2）のような逆断層型の地震が発生する．

東北地方太平洋沖地震では**図4-11**（b）に示すように，南北に約500 km，東西に約200 kmの広がりを持つプレート境界で大掛かりなすべりが発生した．近年GPS観測網の整備により地殻変動観測およびそれらのデータを基に推測した地震時すべり量の値が得られている．それらの結果を**図4-12**に示す．陸上GPSのデータは黒い矢印で示してあるが，太平洋岸で最大5 m東方に移動し，同時に約1 m沈下している．宮城県沖の震源に近い海底では東方に約31 m移動し，約5 mの隆起が観測された．**図4-12**では震源に近い海底におけるずれを灰色の濃淡で示しているが，宮城県沖の日本海溝内側の数十km四方の範囲で70 mを超える大きなすべりが発生している．

今回の震源は従来から指摘されていた宮城県沖地震のアスペリテイ東端付近ですべりが始まり，約1分後に北側の岩手県沖のプレート境界ですべりが起こり，さらに南側の福島県沖，茨城県沖のプレート境界でもすべりが継続して起こったものと考えられている．その結果，広い震源域を形成しマグニチュード9.0という超巨大地震となった．本震のすべりが収束するまで約3分間という長い時間が経過した．

マグニチュード9.0という超巨大地震は地震学者にとっても想定外の出来事だったらしい．その後，次のようなモデルが提出されている．東北地方太平洋沖地震では10 mを超えるすべりが観測されているのに対し，宮城県沖地震では約40年ごとに地震が起こり，そのすべり量は2 m程度である．一方，太平洋プレートは毎年8 cmの速さで進むので40年の間に3.2 m進むことになる．宮城県沖地震でのすべり量は2 m程度なので，40年の間に蓄積された歪みが解消されず，すべり残しが1.2 mある．M7.5程度の地震が40年ごとに発生し，毎回1.2 m程度のすべ

り残しがあり，600年間に1度18mのすべり残しが解消して超巨大地震が発生すると考えればつじつまが合う．

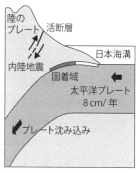

(a) 地震発生前

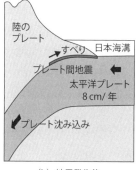

(b) 地震発生後

図 4-11 東北地方太平洋沖地震発生前と発生後のプレートの様子

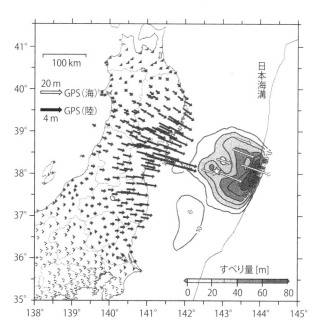

図 4-12 陸上 GPS および海底地殻変動観測で得られた本震発生時の地殻変動とそれらの観測データにより推定された地震時すべりの空間分布

注：陸上 GPS による本震時の地殻変動を黒矢印，海底地殻変動観測による変動を白矢印で示す（変動の大きさのスケールが異なっていることに注意）．本震時の地殻変動から推定されたプレート境界におけるすべり量の大きさを等値線とグレースケールで示す．宮城県沖の日本海溝内側の狭い領域で70mを超える膨大なすべりが発生したことがわかる．白星印は震央（破壊の開始点）を表す．［出典：東北大学　飯沼卓史氏作成］

㊥㊧㊨ 東日本大震災では南北に約500 km，東西に約200 kmの広がりを持つプレート境界で大掛かりなすべりが発生した．宮城県沖地震では約40年ごとに地震が起こり，そのすべり量は2 m程度である．地震が40年ごとに発生し，毎回1.2 m程度のすべり残しがあり，600年ごとにすべり残しが一気に解消して超巨大地震が発生するというモデルが有力である．

《58》

7話　東日本大震災ではどのような津波が襲ったか？

　東北地方太平洋沖地震では陸側の GPS データで 1 m 前後沈降している．海側の海底水圧観測のデータでは陸に近い側では沈降し，海溝に近い側では 5 m 程度も隆起している．これらのデータからプレート境界でのすべり量は海溝近くで 50 m 程度に及ぶと推定される．陸側と陸に近い海底で沈降し，海溝に近い海側で隆起するのは図 4-6 の③の海溝型地震のモデルと対応している．また震源地に近い観測点で得られた海底の上下変動のデータからは 3 m 近い量の上昇が観測されている．これは図 4-7 の縦ずれの高さに対応している．

　地震が発生したのは 3 月 11 日の 14 時 46 分であったが，津波が岩手県の三陸沿岸に到達したのは約 30 分後の 15 時 10 分以降，仙台平野に到達したのは約 1 時間後の 16 時ごろであった．地震が起こる前に岩手県の釜石海岸から東側に日本海溝に向けて釜石験潮所から順に，GPS 波浪計，TM2，TM1 にケーブル式津波観測システムが設置されていた．図 4-13 に沿岸と海底の津波計で観測された東北地方太平洋沖地震の津波の水位を示す．まず，津波の速度については沖合 70 km の TM1 から沖合 10 km の GPS 波浪計まで約 15 分で到達しているが，沖合 10 km の GPS 波浪計から釜石沿岸までほぼ同じ時間かかっている．津波の速度は沖合では時速 240 km，沿岸では時速 40 km となる．津波（長波）の速度が式（2-2）で表現されるように水深の平方根に比例するからである．深海では津波はジェット機並みの速度で太平洋を横断する．この地震の津波は約 10 時間かけて北米に，約 1 日かけて南米に到達した．津波の高さは北米では約 3 m，南米では約 4 m となり，死者を含む大きな被害をもたらした．

　図 4-13 において，水深 1 600 m に設置された TM1 では地震の数分後から第 1 波の津波による水位の上昇が観測され，約 6 分後に約 2 m 上昇した．それから数分後には第 2 波の津波による水位上昇で約 5 m になった．TM1 から約 30 km 陸側にある TM2 では第 1 波と第 2 波による水位上昇が約 5 分遅れて記録されている．陸側に近い釜石の沖合 10 km に設置された GPS 波浪計には地震発生から約 12 分後から水位上昇が観測されている．津波第 1 波は約 3.5 m，第 2 波は約 5 m であった．釜石港内に設置された験潮所の水位計では地震後約 30 分から第 1 波の津波による水位上昇が観測されているが，5 m までの海面上昇を記録した後，験潮所が津波によって破壊されたため記録できなくなった．験潮所周辺の津波の高さは 9 m であっ

たと推定されている.

　地震発生の3分後に気象庁は青森県から福島県の沿岸に津波警報を発表した．津波の高さは宮城県で6m，岩手県と福島県で3m，青森県で1mとされた．予報では津波の高さが最大6mであったことから，防潮堤が津波を防いでくれると考えて標高の低い避難所に逃げたりして，その後津波に襲われて命を落とす人も多かった．気象庁では地震発生から28分後に，GPS波浪計のデータに基づいて予想される津波の高さを宮城県で10m，岩手県と福島県で6m，青森県で3mと引き上げ，さらにその16分後の15時30分には岩手県から房総半島までの太平洋岸で10m以上とした．しかし，最初の警報更新が三陸沿岸に津波第1波が到達する直前であったので，地震で広い範囲で停電したことや既に避難を始めていたため情報が十分伝わらなかった．

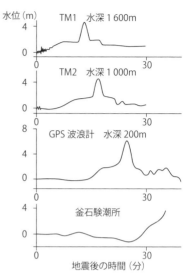

図4-13　沿岸と海底の津波計で観測された東北地方太平洋沖地震の津波［出典：佐竹健治・堀 宗朗『東日本大震災の科学』東京大学出版会，2012］

　気象庁は地震発生の3分後に津波警報を出したが，それが過小評価であった．そのときの予測に用いた地震のマグニチュードは7.9であった．実際の地震の規模はマグニチュード9.0であったが，地震発生直後はそれがわからなかった．巨大地震の場合，数百kmにおよぶ広い範囲の断層が破壊するために，その破壊活動が終わるまでに2分以上かかる．そのため初期の警報は地震破壊の初期の情報しかなかったために，津波警報も過小評価となった．マグニチュード9.0という地震が地震学者にとっても想定外で，津波予報システムが十分に準備されていなかったことが過小評価の原因の一つである．

ま と め　東日本大震災では震源地に近い地点で3m近い海底の上昇が観測された．これが沖合で240km/h，沿岸では40km/hの速度で津波として沿岸を襲った．津波は第1波はゆっくりとした水位上昇で，第2波は急速な水位上昇で釜石の沖合70kmで約5mに達した．津波は海岸に近づくほど高さを増し，釜石港では9mに達したと推定されている．

8話　首都直下地震はどのように想定されているか？

　首都直下地震の被害対策を検討してきた国の有識者会議は 2013 年 12 月，30年以内に 70 ％の確率で起きるとされるマグニチュード（M）7 の地震で，最悪の場合，死者が 2 万 3000 人，経済被害が約 95 兆円に上るとの想定を発表した．首都直下地震とは地震学の用語でなく，防災上の観点から名付けられたものである．また，首都直下を震源とする地震を指すものではなく，神奈川県・東京都・千葉県・埼玉県・茨城県南部で発生する M7 以上の巨大地震を想定している．

　南関東付近の地殻の構造は，**図 4-5** にあるように，陸のプレートである北米プレートの下にフィリッピンプレートが沈み込んで相模トラフを形成し，さらにその下に太平洋プレートが沈み込んでいる．トラフとは海洋プレートが沈み込む領域で海溝と同様であるが，海底の地形がなだらかなものを指す．このようにプレートが複雑に入り込んでいるのでいろんなタイプの地震が過去に起きている．大まかに二つに分類すると，関東大地震のような相模トラフ沿いで発生する海溝型の M8 級の大地震と M7 級の直下型地震が考えられる．

　関東大震災は，1923 年 9 月 1 日に発生した相模湾沖を震源とするマグニチュード 7.9 の大正関東地震による大規模地震災害である．これは，神奈川県を中心に東京・千葉・埼玉・静岡・山梨などの内陸と沿岸において広い範囲で甚大な被害をもたらし，また地震の発生時間がお昼時だったことから，火災が各地で発生し，日本の災害史上，最大級の被害となった．同じタイプの地震として 1703 年に発生した元禄関東地震（M8.2）がある．このタイプの地震の起こる周期としては 200 年以上と考えられているので，今後 30 年以内に発生する確率は低いと見積もられている．

　一方，M8 級の周期の合間に，1855 年の安政江戸地震（M6.9），1894 年の明治東京地震（M7.0）などの直下型地震が発生している．直下型の地震としてはプレート境界型，活断層型，ごく浅い直下型の地震などが考えられている．プレート境界型地震として東京湾北部地震，プレート内部で発生する直下地震として都心南部直下地震などが想定されている．

　防災会議では，都心南部直下地震で Mw7.3 の規模の地震を想定して被害を予想している．**図 4-14** は都心南部直下地震で想定される震度分布である．東京 23 区や横浜市，千葉市の一部などで震度 6 強が見込まれている．大地震の直前にテレビや携帯電話などに緊急地震速報が発せられるが，直下型地震の場合は何の前触れ

もなく揺れが始まる．首都直下型地震の場合，震源から地上までの距離はわずか20 kmほどで，P波（小さな揺れの初期微動）とS波（大きな揺れ）の到達する差がわずか2秒しかないので，緊急地震速報が間に合わない．揺れによる全壊建物は17万棟，液状化による全壊建物は2万棟，火災による消失棟数は5〜41万棟，死者は5 000〜23 000人，帰宅困難者は640〜800万人と推計されている．直下型地震の直後，通りは身動きできなくなった車で大渋滞し，壊れかけた建物から逃れてきた人達も通りに溢れ，東日本大震災の直後の都内で通りに溢れた人々や車の数を遥かに凌ぐ大混乱が予想される．

これらの被害を少なくするために，木造住宅の密集地域を減らすこと，住宅やビルの耐震化，道路や橋などの社会基盤インフラの耐震化，出火の防止と初期消火，帰宅困難者への対策，水・食料・必要物資の備蓄，自主防災組織の整備などが必要で，普段からの備えが求められている．

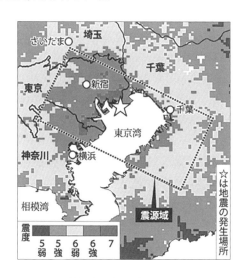

図 4-14 首都直下地震で想定される震度分布

まとめ 南関東付近の地殻は海陸のプレートが複雑に入り込んでいるのでいろんなタイプの地震が過去に起きている．首都直下地震では緊急地震速報が間に合わないため被害が大きくなる．30年以内に70%の確率で起きるとされるM7の直下型の地震で，建物被害，人的被害が膨大になると予想されている．帰宅困難者だけでも数百万人になる．

9話　東南海地震はどのように想定されているか？

　東南海地震は，紀伊半島沖から遠州灘にかけての海域（南海トラフの東側）で周期的に発生するとされている海溝型地震である．規模は毎回 M8 クラスに達する巨大地震で，約 100 年から 200 年周期の発生と考えられている．南海トラフ沿いの地震の震源域は 5 個のセグメント A（土佐湾沖），B（紀伊水道沖），C（熊野灘沖），D（遠州灘沖），E（駿河湾沖）に分けられ，それぞれにアスペリティ（固着領域）があるとされる．さらに紀伊半島沖で東西の領域に二分され，西側は南海地震震源域（A，B），東側は紀伊半島沖から浜名湖沖にかけての東南海地震震源域（C，D），浜名湖沖から駿河湾にかけての東海地震震源域（E）に分けられる．南海トラフのE 領域部分については駿河トラフとも呼ばれる．

　これまでの歴史地震の記録から，すべての領域（A，B，C，D，E）でほぼ同時または短い間隔で地震が発生する東海・東南海・南海地震（南海トラフ巨大地震）と考えられているケースが複数回ある．また，紀伊半島沖より東側の領域に限れば，東海地震の震源域まで延長される東海・東南海連動地震（C，D，E）の場合と，断層の破壊が浜名湖沖までにとどまったとされる東南海地震（C, D）の場合があった．東海地震単独発生の例は確かなものがなく，これまでの記録で東海地震とされてきたものは東南海地震を伴っていると考えられている．プレート境界とともに動く分岐断層は地震のごとに異なるため，繰り返し発生している地震であるが，年代ごとに異なった個性を持っている．

　2011 年 12 月に発表された中央防災会議の「南海トラフの巨大地震モデル検討会」の中間報告では，南海トラフ沿いで起きると想定される巨大地震の最大規模として，震源域が従来のほぼ 2 倍に拡大され，暫定値として Mw9.0 が示された．これは，東日本大震災が多くの地震学者の想定を大きく超え，いくつかの地震域が連動して大地震となったことを踏まえた結果と考えられる．

　歴史的に南海トラフ沿いで起きた大地震はかなりの数にのぼる．684 年の白鳳地震（A，B，(C)），887 年の仁名地震（A，B，C，D，(E)），1096 年の永長東海地震（C，D，(E)），1099 年の康和南海地震（A，B），1361 年の正平地震（A，B，C，D），1498 年の明応地震（(A，B)，C，D，E），1605 年の慶長地震（A，B，C，D），1707 年の宝永地震（A，B，C，D），1854 年 12 月 23 日の安政東海地震（C，D，E），1854 年 12 月 24 日の安政南海地震（A，B），1944 年の昭和東南海地震（C，

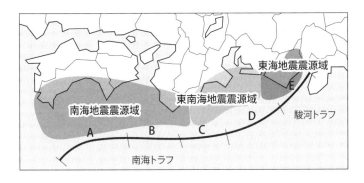

図 4-15 東海地震，南海地震，東南海地震の震源域
[出典：三重県石油商業組合ホームページを一部改変]

D），1946年の昭和南海地震（A，B）が発生している．括弧にA～Eの記号で示したのは**図 4-15**に示した震源域で，記号に括弧をつけたものは震源域であった可能性を示している．

南海トラフ沿いで起きた地震の中で最大のものは宝永地震で，地震の規模はM8.6とされている．紀伊半島の東側と西側が同時に震源域となり，西日本太平洋側に甚大な被害を発生させた．震度6弱以上と推定される地域は，駿河湾沿岸から九州東部にまで及んだ．5～10mの高さの津波が伊豆半島から四国までの太平洋岸を襲った．

南海トラフ沿いで今後もM8級の大地震が起こると予想されている．南海トラフの地震は海底のフィリピンプレートが日本列島の西部があるユーラシアプレートの下に沈み込むことによって発生する．プレートの動きは地球全体のマントル対流によるもので，それが停止することは考えられない．では，それはいつ起こるのか，国の防災本部は今後30年間で60～70％の確率で起こるだろうとしている．しかし，その確率の高いところで地震が起こっているかというと必ずしもそうでもない．ただ，歴史的に南海トラフの地震は100～200年の間隔で起こっているので，それに備える必要があるのは確かであろう．

ま と め　東南海地震は，紀伊半島沖から遠州灘にかけての南海トラフ沿いの海域で周期的に発生している海溝型地震で津波を伴う．南海トラフ沿い地震の震源域は，南海地震震源域，東南海地震震源域，東海地震震源域に分けられるが，そのうちのいくつかが連動することも多い．南海トラフの地震は歴史的に100～200年の間隔で起こっている．

《64》

10話　地震による液状化現象とは？

　液状化は，地震の際に地下水位の高い砂地盤が振動により液体状になる現象である．これにより構造物が埋もれ，倒れたり，地中の密度の小さい構造物（下水管やマンホール等）が浮き上がったりする．また，橋の橋脚や川の堤防がえぐられる．通常は，砂地盤は砂の粒子同士の連結による摩擦によって安定を保っている．このような地盤で地下水位の高い場所で地震によって連続した振動が加わると，その繰り返し剪断力によって粒子がばらばらになって間隙水圧が増加し，有効応力が減少する．有効応力がゼロになったとき液状化現象が起き，地盤は急激に耐力を失う．そのため建物が傾いたり，地盤が沈下したりする．この状態は波打ち際の砂で足元がしっかりしていても，水が押し寄せると足元が急に柔らかくなる状態に似ている．

　液状化現象の発生は地盤の土の種類に大きく依存する．土はその粒の大きさによって分類されている．一番大きいものが礫で粒径が $75 \sim 2\,\mathrm{mm}$，砂が $2 \sim 0.075\,\mathrm{mm}$，シルトが $0.075 \sim 0.005\,\mathrm{mm}$，粘土が $0.005\,\mathrm{mm}$ 以下である．シルトや粘土，礫の地質では液状化現象が起きない．液状化は砂を多く含む地盤で起きている．液状化現象発生のモデルを**図4-16**に示す．ここで，砂の粒子が地下水によって満たされている（飽和）状態を考える．地震前には砂の粒子が互いに連結し，地盤の重さおよび地盤の上の構造物の重さを支えている．これが地震の揺れによって砂の粒子の連結がはずれ，ばらばらになって水の中に砂の粒子が浮いているような状態が液状化現象である．地震の揺れが強いほど，また砂同士の結合が弱いほど，地下水位が高いほど液状化の程度が大きくなる．土の中にシルトや粘土など粒径が細かい粒子が含まれると粒子の表面積が増えるので粒子間の結合が強くなり液状化しにくくなる．海岸の砂に比べて山の砂のほうがシルトや粘土を多く含む．

　液状化した水を含む砂の密度は $1.6 \sim 1.8\,\mathrm{g/cm^3}$ になるので純水の密度 $1.0\,\mathrm{g/cm^3}$ に比べてかなり大きい．そのため液状化した砂の圧力が大きくなって地中から砂と水が噴き上げる噴砂現象が起こる．この圧力によって下水道のマンホールでも浮き上がる．マンホールはコンクリート製で鋼鉄製の蓋があるが，コンクリートの密度は約 $2.5\,\mathrm{g/cm^3}$ で，マンホールの空の部分の体積が大きいので平均の密度が $1.5\,\mathrm{g/cm^3}$ 程度になり，浮力のほうが勝ってしまうためである．

　2011年3月11日に発生した東日本大震災では，震源域から離れた東京湾周辺地域や関東各地には，地表面の揺れが震度5程度で，継続時間が約5分と長くゆっ

くりした揺れが伝播した．**図 4-16** に液状化プロセスを示す．地震の揺れにより砂の凝集が失われて水中に浮遊する状態になり，間隙水が失われてその体積分だけ沈下する．その間地中から地表に向かって噴砂や噴水が起こる．シミュレーションでは砂の凝集状態の変化には時間がかかることがわかっている．したがって，長くゆっくりした揺れが液状化を拡大させたと考えられる．関東地方では，東京湾沿岸と利根川流域で液状化が多く発生している．特に，千葉県浦安市では液状化により約3 600 棟の家屋と建物に沈下と傾斜が発生した．それらの家屋や建物では建て替えなどの対策が必要となっている．東京湾臨海部の埋立地の多くは，海底の土をポンプで汲み上げて造成したものである．これらの海底の土の大半が砂で粒がそろっていることが多いので液状化が起こりやすい．液状化防止対策としては，地盤を締固めて密度を増やす，地盤を安定剤で固化する，地盤から水を抜く，硬い地盤に届く杭で補強するなどの方法がある．浦安市の東京ディズニーランドでは液状化が起きなかった．これは地盤の締固め対策のためと説明されている．

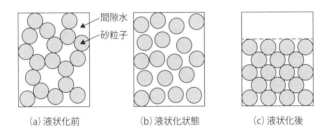

図 4-16 液状化現象のモデル

> **まとめ** 　液状化は，地震の際に地下水位の高い砂地盤が振動により液体状になる現象である．これにより構造物が傾いたり倒れたり，マンホール等の地中の密度の小さい構造物が浮き上がったりする．水を含んだ砂地盤が地震で大きく揺すられると，砂の粒子の連結がはずれ，水の中に砂の粒子が浮いているような状態となるためである．

11話　制震と免震の方法は？

　地震などにより，建物が揺れると，地震のエネルギーを吸収するまでは建物の揺れは止まらない．その間建物が壊れるかどうかで人の生死が決まることになる．建物の地震対策としては，耐震，制振，免震の方法がある．

　耐震構造は，壁や柱を強化したり，筋かい（ブレース）などの補強材を入れることで建物自体を堅くして振動に対抗する．建物の破壊は起きないが，地震のエネルギーが直接建物に伝わるため，高層ビルの揺れの大きさを減らすことができず，壁や家具が損傷を受けやすい問題点がある．

　制振構造は，建物に揺れのエネルギーを吸収するためのおもりやダンパーを設置する．おもりを建物の頂部に設置すると，おもりの動きにより，外力と逆の方向に力が発生して建物の揺れを抑えることができる．強風による超高層ビルの揺れの抑制にも威力を発揮する．

　図 4-17 にダンパーを用いた制振構造の概念図を示す．建物の揺れによる損傷は主に水平方向の揺れによって引き起こされるので，(a) に示すようにバネとダッシュポットの組み合わせで揺れのエネルギーを吸収する．右方向の外力に対してダンパーが左方向の力を与えている．実際のダンパーの例として，オイルダンパーを (b) に示す．ピストンが粘性流体内を動くとき，その速度に比例した抵抗力で外力を減衰する．オイルダンパー以外にも，金属がある程度変形が進むと塑性変形して柔らかくなる現象を利用した鋼材ダンパーや鉛ダンパーなどがある．ダンパーの設置は鉄骨造の軽い建物には最上階に設置することが多いが，高層鉄筋コンクリート造の重い建物は最上階に設置するだけでは揺れのエネルギーを十分に吸収するこ

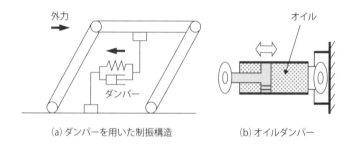

図 4-17　ダンパーを用いた制振の概念

とができないので各階に設置される.

　地震の揺れを建物に伝えない方法として，ゴムの土台の上に建物を載せる方法が考えられる. ただし，単体のゴムの固まりは水平方向だけでなく垂直方向にも柔らかいので，建物の自重によってゴムが横に膨らみ垂直方向に大きく変形する. そこで，**図 4-18** に示すように，薄いゴムの層と鋼板とを交互に重ね合わせて接着した免震装置が考案された. それで，垂直方向の変形に伴うゴムの膨らみを鋼板が拘束し，建物の重さによる垂直方向の変形を小さく抑えることができる. 一方，水平方向の力に対してゴムは柔らかく変形して揺れのエネルギーを吸収し，水平方向の固有周期を伸ばすことができる. 積層ゴムの材料としては天然ゴムが多く使われる. 天然ゴムは強度が強いが長期の劣化に弱い欠点がある. それで，表面にエチレン - プロピレンゴム（EPR）を用いた被覆ゴムが用いられる. 天然ゴム以外の積層ゴム材料として，粘性を高めた高減衰型積層ゴムや積層ゴムの中央に円筒状の鉛を圧入した鉛プラグ入り積層ゴムなども用いられる. 鉛の棒が塑性変形することで，ダンパーを内蔵した積層ゴムともいえる. 積層ゴムを用いた免震装置は 1995 年の阪神・淡路大震災以来設置が急速に進んでいる.

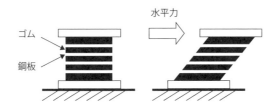

図 4-18　積層ゴムを用いた免震装置

(ま)(と)(め)　耐震構造は，壁や柱を強化したり補強材を入れて振動に対抗するが，家具が損傷を受けやすい. 制振構造は，揺れのエネルギーを吸収するためのおもりやダンパーを設置して揺れを抑制する. 免震装置では薄いゴムの層と鋼板とを交互に重ね合わせた積層ゴムが用いられる. 垂直方向の重力を鋼板が受け持ち，水平方向の力に対してはゴム層が揺れのエネルギーを吸収する.

コラム

首都直下地震のときあなたはどうするか？

　首都直下でM7クラスの地震がいつ起きても不思議はないと言われている．そのときあなたはどこにいるかによって，被害に遭うかどうかが左右される．

　もし電車に乗っていたとすれば，想定震度7では運行している列車の90%以上が脱線するという．その場合，東京の交通網はほとんど麻痺してしまう．運良く脱線による怪我を免れたとしても帰宅困難者になってしまう．地下鉄の施設は緊急時に備え，停電が発生した際には，予備電源を作動させることが義務づけられている．だが地上は帰宅困難者などによってひしめき合っているため，簡単に外に出ることはできない．さらに，40分後には予備電源も停止して構内は完全に停電となる．地下鉄は空調設備の他に電車が走ることで空気を押し出し，トンネル内の空気を循環させている．そのため，停電で電車が止まってしまうと，地下鉄内の空気の循環が滞り，二酸化炭素の濃度が上がる．神戸交通局が行った実験によれば，ラッシュ時に地下鉄の空調が止まると，二酸化炭素濃度が1分間で標準時の760 ppmから843 ppmに上昇するという．この状態が長時間続くと，高炭酸ガス血症になり，めまい，頭痛がおこり，意識障害や昏睡状態に陥る可能性もあるという．

　次は，火災旋風による危険である．火災旋風とは，火災の炎に旋回流が加わって起こる現象である．ビルが密集している所では渦が巻きやすく，燃える速さや勢いも増す．関東大震災では，現在の墨田区の避難場所にいた4万人が，巨大な火災旋風の直撃を受けて，わずか十数分の間に3万8千人もの人々が命を落した．

　荒川，隅田川，東京湾に囲まれた海抜0mの「江東デルタ」やお台場・豊洲では，2〜3m水没する．川崎，横浜に続く京浜運河一帯，千葉の一部でも，1〜2mは沈む．陸で50cm浸水した場合でも地下鉄などは冠水する．都の電気，ガス，通信などのインフラは地下にあるため，首都機能がストップする可能性もある．

　地震でエレベーターが停止すると，高層ビルの住人が移動手段を失う．ライフラインが復旧するまでの間，生活物資を確保するため地上まで階段で往復するか，備蓄物資を消費しながら上階で生活しなければならない．耐震・免震構造により大きな被害はなくとも，部屋に戻れず避難所生活にという人も出る．そんな「高層難民」の数は数十万人の規模になるという．

第 **5** 章

音　波

音波が遠くに届くのは，音を出して
いる物体の振動が疎密波として空気
中を伝わり，それが耳の鼓膜にまで
届くためである．この章では，音波
の振幅，振動数，波形が人の声や楽
器の音とどのような関係にあるかを
紹介する．さらに，雷鳴が鳴るメカ
ニズム，人の声の出かたと聞き分け
かた，補聴器，スピーカーとマイク
ロフォンの仕組み，騒音とその対策，
録音と再生の仕組み，山びこの原理，
救急車が通り過ぎると音が変わる原
理についても紹介する．

1話 音叉を弾くとどうして音が聞こえるか？

　音が離れたところに伝わるのは，音を出しているものの振動が空気の疎密波となって空気中を伝わり，それが私たちの耳に届くためである．空気の密度が濃くなったり，薄くなったりして伝わっていく疎密波を音波と呼ぶ．もし空気がなかったら，音を伝えるものがなくなり，何も聞こえなくなる．

　音叉は均質な細長い鋼の棒を中央でU字形に曲げてそこに柄をつけたものである．先端を軽く叩くと振動数の安定した純音（完全な正弦波）を発するので楽器などの振動数の標準に用いられる．音叉の振動数は，棒の長さの2乗にほぼ逆比例し，太さにほぼ比例する．音を大きくするには，基音の振動数に共鳴する箱を音叉に取り付けて用いる．

　音叉を机などで弾いて耳に近づけると，音が聞こえる．これは音叉の先端の振動が空気に疎密ができて音波として伝わったためである．図5-1に音叉の振動による空気の疎密の波の様子を示している．Bが音叉を変形させる前の位置，Aが空気の密度が最も高くなった位置，Cは空気の密度が最も低くなった位置で，空気の疎密波が正弦波の形になっている．この疎密波による音波が空気中を伝わって私たちの耳の鼓膜を振動させ，それを耳の神経が音の信号として脳に伝えて，音として認識する．図5-1のように，音源の音叉が振動している方向と音波が進行する方向とが同じである波を縦波という．

　図5-1のような波形が上下に1回往復する間隔を周期，空気の振動の大きさ（正弦波のA点）を振幅と呼ぶ．私たちは常に音に囲まれて暮らしているが，音には大きな音と小さな音，高い音と低い音，などの特徴がある．これらの音の特徴は，

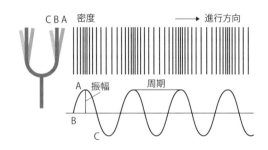

図5-1　音が発生したときの空気の疎密と波

周期と振幅の組み合わせで決まる.

　音の強さは振幅の大きさで決まる. 音叉を強く弾くと, 先端が大きく変形するので振幅が大きくなり大きな音が出る. 音叉を弱く弾くと小さな音が出る.

　音程は1秒間における振動の回数で決まる. 1秒間に振動が多ければ音は高くなり, 振動が少なければ音は低くなる. 音叉の振動数は音叉の材質や形状で決まる. 1秒間に周期が何回あるかを周波数と呼び, Hzという単位で表す. 1秒間に1周期ならば1Hz, 100周期ならば100Hz, 1000周期ならば1000Hz(＝1kHz), 10000周期ならば10kHzとなる. 個人差はあるが, 人間の耳で音として聞くことができる周波数の範囲は, 20～20000Hz(20kHz)とされている. 小さい太鼓のほうが高い音が出て大きい太鼓が低い音が出る. 大きい太鼓の皮のほうが振動しにくく周期が長くなるため低い音が出て, 小さい太鼓のほうが周期が短くなるためである.

　便宜的な区分として, 20～600Hzの低い帯域を低音域, 800Hz～2kHzの帯域は中音域, 4kHz～20kHzを高音域と呼ぶ. 太鼓の音などは低音域である. 楽器の調律には通常440Hzが使われ, 音叉も440Hzの音波を出す. これは「ラ」の音階でラジオの時報にも使われている. 中音域は日常生活において人間が最も認識しやすい帯域である. 高音域は小鳥の鳴き声や, トライアングルのような金属音などである. 人間の耳は, 高音域になるほど音が鳴っている方向を感じ取りやすく, 低音域になるほど音が鳴っている方向を感じ取りにくくなる. クラクションのような注意を喚起するためのサイン音が高い音なのも, そういった理由からである. 加齢とともに高音域の聴力低下が進み, 60代男性では30代に比べて5kHzでの聴力が30dB程度低下する.

⎛ (ま)(と)(め)　音叉を弾くと音が聞こえる. これは音叉の先端の振動により空気に疎密ができそれが音波として伝わったためである. 空気の疎密波が空気中を音波として伝わり, 耳の鼓膜を振動させ, それを耳の神経が音の信号として脳に伝えて, 私たちが音として認識する. 空気がないと音は伝わらない. 音波の振幅は音の強さ, 周波数は音の高さを表す. ⎞

2話　稲妻が光った後になぜ音が遅れて聞こえるか？

　発達した積乱雲では，上層の雲がプラスに帯電し，下層ではマイナスに帯電した層ができ，地面は下層の雲のマイナス帯電に誘起されてプラスに帯電している．雷は上層と下層の雲の間で，あるいは下層の雲と地表との間で空気の絶縁の限界値（約 300 万 V/m）を超えると絶縁破壊が起きて，放電が起きる現象である．1 回の放電量は電流が数万〜数 10 万 A，電圧が 1〜10 億 V で，電力換算にして平均約 900 G（10^9）W におよぶが時間にすると 1 ms（1/1 000 秒）でしかない．

　放電が起きるとともに光が発生して光速で伝播するが，雷鳴は放電に伴う熱が原因である．雷鳴の発生するプロセスを図 5-2 に示した．放電の際に放たれる主雷撃が始まって 1 μs（100 万分の 1 秒）後には，放電路にあたる大気の温度は局所的に 2〜3 万℃という高温になるので放電路周辺の空気が急速に膨張し，空気の膨張速度が音速を超えたときの衝撃波が空気の疎密波として伝わり，音として感じられる．雷鳴は音速で伝わるため，音が伝わってくる時間の分だけ稲妻より遅れて到達する．光速は非常に速いので，稲妻が光るのを見てから雷鳴が聞こえるまでの時間を測れば雷が落ちた場所との距離を知ることができる．例えば，稲妻が光ってから雷鳴が聞こえるまで 5 秒かかったとすると，音速が 340 m/s として雷が落ちた地点から 1.7 km 離れていることになる．

　音波は媒質中を伝わる疎密波なので，音速は媒質の性質で決まる．空気中の音速 v（m/s）は，空気の 1 mol 当たりの平均質量を M（kg/mol），温度を T，比熱比（定

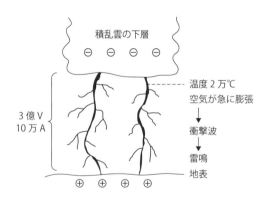

図 5-2　雷鳴の発生するプロセス

圧比熱容量／低積比熱容量）を γ，気体定数を R とすると，次式で与えられる．

$$v = (\gamma RT/M)^{0.5} \tag{5-1}$$

式（5-1）で音速は，音の振幅や振動数とは無関係な量である．空気中の音速 v（m/s）は，空気の γ は 1.402 なので，t を℃で表した温度として近似的に

$$v = 331.5 + 0.6t \tag{5-2}$$

と表され，温度が高ければ若干速くなる．

　音速は媒質の弾性率と密度の比の 1/2 乗に比例し，固くて密度の小さいものほど速くなる．0℃での音速（m/s）は，ヘリウムで 970，水で 1 500，ガラスで 5 440，鉄で 5 950，アルミニウムで 6 420，ナイロンで 2 620 となる．

　パーティなどで，ヘリウムを吸って声を出すとかん高い奇妙な声になるのを余興で実演することがある．これはヘリウムの音速が空気に比べて 3 倍近く高いため声帯の振動数も 3 倍近くになるためである．声帯の振動数は声帯までの気柱の長さに反比例し音速に比例するが，気柱の長さは気体には依存しないからである．

　また，西部劇で遠くを走る列車が近づいているかどうかを知るために，線路に耳をあてているシーンが見られる．これは鉄を伝わる音速が空気に比べて 20 倍近く大きいので，列車の音は立っていては聞こえなくても線路からは聞こえる可能性があるからである．それは音速の違いだけでなく，空気の振動は容易に減衰するが，鉄の振動は減衰が少ないからである．

　ま と め　　放電が起きるとともに光が発生するが，雷鳴は放電に伴う熱が原因である．放電路の大気の温度は局所的に 2 ～ 3 万℃という高温になるので放電路周辺の空気が急速に膨張し，その膨張速度が音速を超えたときの衝撃波が空気の疎密波として伝わり音として感じられる．雷鳴は音速で伝わるため，音が伝わってくる時間の分だけ稲妻より遅れて到達する．

3話 音色は何によるか？

　音の性質は音波の振幅，周波数，波形によって特徴づけられる．私たちはいろいろな音を耳にし，それらが何の音なのか聞き分けている．これはそれぞれに音の波形，つまり音色があるからである．音色が生ずる理由は，基本振動の音だけでなく，倍音振動があるからである．弦楽器に例を取ると，**図5-3**に示すように2倍音の場合は，弦の中央に振動の節（N）が生じて波長が1/2になり周波数が2倍になる．同様にn倍音では節が(n-1)個生じて波長が1/nになり周波数がn倍になる．n倍音の波を第n高調波と呼ぶ．弦の振動によって高調波が生ずるためそれらを加え合わせた波はいろいろな周波数の波の集合，すなわち音色を持つことになる．

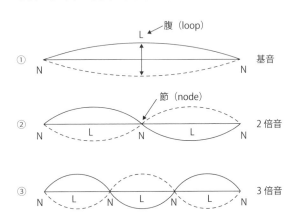

図5-3 弦楽器における基音と倍音の振動モデル

　同じメロデイーを演奏しても楽器によってその音色が違うので，音を聞けばどの楽器で演奏しているかがわかる．バイオリンの構造を**図5-4**に示す．バイオリンの弓の毛に松脂をつけて弦を擦ると弦が振動して固有振動とその倍音が出る．バイオリンにはE線，A線，D線，G線と呼ばれる4本の弦があり，その固有振動数が659.3（ミ），440（ラ），293.7（レ），196 Hz（ソ）

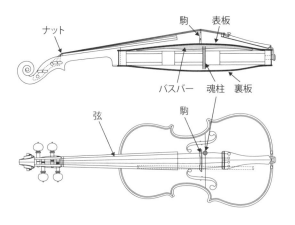

図5-4 バイオリンの側面（上）および平面（下）の構造

である．弦を弾けばその振動数の音が出るが，指板の上に弦を指で押さえて弦の長さを変えて音の高さを変えている．その振動は駒を経由して表板と裏板に伝えるため，表板の縦方向にバスバーという木があり，表板と裏板の間に魂柱という棒がある．これらは弦による振動を胴の振動に伝えて音を増幅するとともにそのバイオリンの特徴的な音色を出す役割をしている．魂柱の立てる位置や突っ張り加減，バスバーの形状，表板と裏板の材質や形状などによって，バイオリンの倍音の振動が影響を受け，音色は変わる．

ピアノはたくさん並んでいる弦を叩いて振動を起こして音を出す．鍵盤を叩くと，ハンマーというアクションの一部分がはね上がり，弦を下から打つ．その衝撃で起きた振動が音として響く．弦の振動を大きく伝える響板と呼ばれる部分があり，この働きによって，澄んだ音や豊かな響きが生まれる．弦一本一本の振動は，駒が響板に伝える．鍵盤を強くたたくと弦は大きく振動して音も大きく，優しく触れると音は小さくなる．

図 5-5 にバイオリンとピアノの音の波形を示す．純音の波形は図 5-1 に示すように正弦波であるが，バイオリンとピアノの音の波形は特徴的な高調波があるために複雑な形をしている．私たちは波形によって楽器の音の違いがわかる．

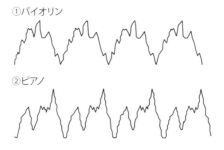

図 5-5　バイオリンとピアノの音の波形

まとめ　音の性質は音波の振幅，周波数，波形によって特徴づけられる．いろいろな音が何の音なのか聞き分けられるのはそれぞれに音の波形，つまり音色があるからである．音色が生ずる理由は，基本振動の音だけでなく，倍音つまり高調波があるからである．楽器などの高調波は楽器を構成する振動形と増幅系の特徴によって独特な音色を作り出す．

4話 楽器はどのようにして特徴的な音を出すか？

　多くの楽器には音の発生，音の増幅，音程調節の機能がある．楽器が音を発生するには，空気を振動させる必要があるが，これには2種類の方法がある．
　一つは物体を振動させて，その振動を空気に伝える方法で，弦楽器や打楽器がこれに当たる．弦楽器には，ギターやバイオリン，ビオラ，チェロ，琴，ピアノなどがある．ドラムのような打楽器では，膜，板などを振動させている．ドラム，太鼓，トライアングルのような打楽器は音の振動数が一定なので音程調節の機能がない．
　もう一つが気流の乱れを作って空気を直接振動させる方法で，管楽器がこれに当たる．管楽器は金管楽器と木管楽器に分かれるが，これは楽器の材質の違いというよりは空気を振動させる機構の違いによる分類である．奏者が唇を震わせて音をつくる楽器を金管楽器，それ以外を木管楽器という．金管楽器には，トランペットやトロンボーン，木管楽器にはフルート，リコーダーやクラリネットなどがある．
　木管楽器では薄い板（リード）のエッジに空気をぶつけて振動させ，音を出している．フルートは銀や銅合金などの材質が多いが，リードのない木管楽器である．フルートは**図 5-6** に示すように，リッププレートに歌口が開いている．この歌口の中央に，歌口の下から3分の1をふさぐような感じで下唇を当て，エッジに向かってほほえむように息を出す．エアビームの吹き込みによって管の内圧が上昇し，これによってエアビームが押し返されると内圧が低下し，再びエアビームが引き込まれるという反復現象が発生して，振動源になる．このようにして発生した振動に対し，管の内部にある空気の柱が共振して音が出る．トーンホール（指穴）を開閉すると，気柱の有効長が変わるので共振周波数が変化し，音程を変えることができる．

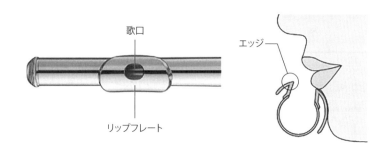

図 5-6　フルートの音の出し方

フルートの波形はいくつかの高調波はあるが，バイオリンやピアノに比べると複雑な成分が少なく滑らかである．

トランペットはオーケストラで高音部を受け持つ楽器で，華やかな音色が特徴である．金管楽器なので，奏者が息を出すときの唇の振動によって音を変える必要がある．低い音を出すときは唇の振動が遅く，高い音を出すときほど細かい振動で音を出す．そのため良い音を出すには呼吸法や唇の使い方など練習が必要となる．トランペットは自然倍音列の演奏ができるが，それだけでは不十分なので，図 5-7 に示すように 1，2，3 のバルブがついている．1，2，3 のバルブを操作すると，空気の通り道が伸びて対応する 1，2，3 の迂回管を通ることになり，音がそれぞれ 1 音，半音，1 音半下がる．3 個のバルブを操作することにより，全音域で半音が演奏できることになる．

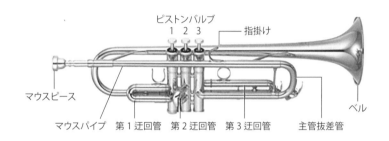

図 5-7　トランペットの構成

まとめ　弦楽器や打楽器は物体を振動させて，その振動を空気に伝える．管楽器は気流の乱れを作って空気を直接振動させる．奏者が唇を震わせて音をつくるのを金管楽器，それ以外を木管楽器という．トランペットは金管楽器で奏者が唇の振動およびバルブの調節によって音を変える．フルートはリッププレートの歌口のエッジに向かって息を出すと，管の内部にある気柱が共振して音が出る．

5話 人の声はどのようにして出るか？

　発声は息の送り出し,声帯の振動,共鳴,言葉の形成という四つの過程で成り立っている.声帯は,図 5-8 に示すように喉の中にある 2 本の帯で,普段は開いているが,声を出そうとすると閉じて振動する.声帯の振動音が,空洞部分（共鳴腔）で反響して音になる.主な共鳴腔は,口の奥の咽頭腔,鼻腔や口腔である.共鳴腔で生じた音に,口や舌の形を加えることにより言葉が形成される.　日本語の場合は,子音と母音が合わさって作られる.子音は,「k・g, s・z, t・d, b・p, m・n」などである.舌,歯,唇,あご,鼻などを使って音が作られ,母音は「a・i・u・e・o」で,口の形を変えて作られる.

　実際の音声は空気の振動で目に見えないが,マイクロフォンを通して電気信号に変換すると,オシロスコープ等により視覚的に表示できる.音声の信号を解析すると,周期的である.この周期はピッチと呼ばれて音の高さを表す.

　母音の音源は声帯で作り出される.声帯は喉頭の内部に粘膜で覆われ筋組織を持つ 1 対の襞でできている.両側の声帯間の間隙を声門という.肺から押し出される呼気は,声帯を通過する.声帯は 2 枚のひだを開閉することによって,呼気を断続的に止める働きがあり,その断続によって空気流が発生し,基本振動音が形成される.

　母音の波形は,音源波が唇から放射されるまでに通過する声道（咽喉と口腔）の形によって作り出される.音波が円筒管のような音響管を通過すると,ある周波数を持つ音波が強められ,ある周波数は弱められる共鳴現象が生じる.声帯から唇までの声道を 1 つの音響管と考えると,円筒管の場合と同様に共鳴現象が生じる.声道の長さは大人で 17 cm 程度である.声道の形は舌や唇を使って変えられる.

　一方,子音の場合は,音源は声帯以外も寄与する.例えば,s では舌の先を上の前歯の付根の近くにもっていき,そこに狭めをつくって呼気を通過させると空気流は乱気流になり,s の音源になる.狭めによる乱流による音を摩擦音と呼ぶ.k の場合は,発声する前に舌の腹

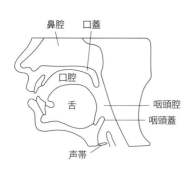

図 5-8　人の共鳴腔の構造

の部分を軟口蓋と呼ばれる上あごに接触させて,いったん呼気を止め,呼気を一気に開放する.このような音を破裂音という.破裂音は摩擦音に比べるとはるかに時間的に短いが,摩擦音と同様含まれる周波数の範囲は広い.呼気を止める位置を調音点といい,調音点が前歯の付根の歯茎にあるとtに,両唇にあるとpになる.**図 5-9**には「か」と「な」の発音波形を示している.**図 5-9**（a）には「か」の波形を示す.前半は子音のkの部分を示し,後半は母音のaの波形を示している.同様に**図 5-9**（b）の前半はnの部分を示し,後半は母音のaの波形を示している.子音の波形は違うが母音は一致している.

私たちは声を聞いただけで誰の声かわかる.それは,基本振動音を作り出す声帯と声道の大きさや形が個人ごとに異なるため声も個人特有だからである.声をオシロスコープで分析すると,声紋を検出することができる.一般には身長の高い人は声帯も声道も大きく低い声となる.声紋を分析することで性別,顔形,身長,年齢等を特定することができ,個人認証や犯罪捜査に利用されている.

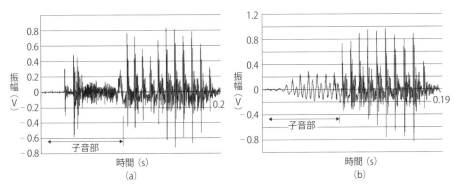

図 5-9 「か」および「な」の波形［出典：「音声認識〜周波数スペクトルで音素を判別」ホームページ］

> **まとめ** 発声は息の送り出し,声帯の振動,共鳴,言葉の形成という過程で成り立つ.肺からの息が声帯を通過すると基本振動音が出る.それが咽頭腔,鼻腔,口腔からなる声道で共鳴し,口や舌の形を加えることにより言葉が形成される.母音は唇,咽喉,口腔の形によって,子音は摩擦音や破裂音など両唇,歯,舌の協同作用で作りだされる.

《 *80* 》

6話 人はどのようにして音を聞き分けているか？

音波の振幅は音の強さとして感じられるが，人間の感覚では，小さい音は少しの音量差でも敏感に感じるが，音が大きくなると音量差を感じにくくなる．そこで，人間の聴感特性に合わせた音量の単位として音圧レベルという指標が用いられる．聴き取れる限界の音圧 P_0 は 2×10^{-5}Pa で，これを基準とした音圧 P_1 のときの音圧レベル R_1 は対数を用いて，$R_1 = 20 \log_{10} (P_1 / P_0)$ dB（デシベル）と表記される．いろいろな音と音圧レベルを**表 5-1** に示す．dB という単位は 20 dB 増えると，10 倍として感じる音のレベルである．

人の耳で音として聞ける周波数範囲は，20 〜 20 000 Hz である．加齢とともに高音域の聴力低下が進み，60 代男性では 30 代に比べて 5 000 Hz での聴力が 30 dB 程度低下する．私たちは男女の声を聞き分けることができるが，それは男声に比べて女声の周波数が高いからである．周波数の便宜的な区分として，20 〜 600 Hz の帯域を低音域，800 〜 2 000 Hz の帯域は中音域，4 000 〜 20 000 Hz を高音域と呼ぶ．太鼓の音などは低音域である．楽器の調律には通常 440 Hz（「ラ」の音階）が使われ，音叉やラジオの時報も 440 Hz である．中音域は日常生活において人間が認識しやすい帯域である．高音域は小鳥の鳴き声や，トライアングルのような金属音などである．話声の周波数範囲は個人差がかなりあるが，男声が 100 〜 200 Hz，女声が 180 〜 360 Hz 程度である．

私たちは日常，いろいろな音を耳にし，それらが何の音，誰の声なのか聞き分けることができる．これはそれぞれに音の振幅，周波数，波形があるからである．図

表 5-1　日常で聞く音の音圧レベル

音	音圧レベル（dB）
聴き取れる最小の音	0
ささやき声	20
小さな声	40
通常会話	60
時速 80 km で走る乗用車の音	80
電車が走るガード下	100
ロックコンサート	120
ジェット機が近くを通る音	140

5-5 にバイオリンとピアノの音の波形を示したが，波形によってどの楽器の音かを識別できる．また，人が「か」と発音すると，それが誰の声なのかわかる．それは，「か」の音の波形が**図 5-9**（a）のようであっても人によってその波形が微妙に違うのを脳が覚えているからである．

音波は空気中を疎密波として伝わり，人の耳にまで達する．聴覚の構造と聴神経の経路を**図 5-10**に示す．外耳道から鼓膜に伝わった音の振動を中耳の三つの耳小骨で増幅して内耳（カタツムリの形をした蝸牛）に伝える．その結果，蝸牛のリンパ液に波動が生じ，蝸牛の基底板が振動する．すると，蝸牛にある有毛細胞の毛が変位して内有毛細胞を興奮させ膜電位が数 mV 変化する．蝸牛の中心部分は低周波を，外側の部分は高周波の信号を受け持っている．膜電位の信号が聴覚神経系を経由して大脳皮質で知覚し，音や言葉として認識する．聴覚振動系および聴覚神経系によって，かすかな物音から 140 dB のジェット機音まで 7 桁にもおよぶ音の大小に対応し，なおかつ人の声の微妙な波形の違いを認識することができる．聴覚振動系および聴覚神経系の伝達経路のどの部分に障害が起きても聞こえ方が悪くなる．

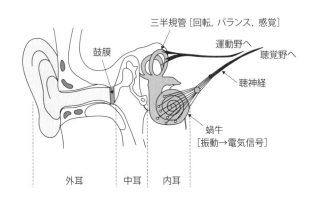

図 5-10 聴覚の構造と聴神経

まとめ　私たちは外耳道から鼓膜に伝わった音の振動を耳小骨で増幅して内耳に伝える．内耳に伝わった音は蝸牛，有毛細胞，聴神経を経て大脳皮質で知覚し，音や言葉として認識する．特に蝸牛の振動系からパルス信号発生までの働きが重要である．人は音波の振幅，周波数，波形によって音を聞き分けて何の音であるかを認識している．

7話 補聴器でどのようにして音を聞き取れるか？

　難聴には，加齢によるものと耳に障がいがあるものとがある．耳に障がいがあるものとしては，外耳や中耳の障がいによる伝音性難聴と内耳や脳の障害による感音性難聴とがある．加齢によるものや伝音性難聴にものは音が小さく聞こえるだけなので，補聴器を使用すれば，聞こえるようになる．感音性難聴は内耳における有毛細胞の破損や脳の障がいによって起こるものである．この場合，壊れた細胞周辺で感受していた音の高さが聞こえにくくなる．補聴器を使っても，改善できる部分もあるが正常な聞きとりは実現しない．難聴の聞こえ方は，難聴の種類や難聴の度合いなどによって，一人ひとりで大きく変わる．より良い聞こえを実現するためには，それぞれの聞こえ方に合わせて，補聴器を選び，調整する必要がある．

　補聴器は，入ってきた音を大きくし，音を加工して聞きやすくする機能を持った器械である．音を加工して，うるさいと感じる音や不快に感じる音を抑えたりする．補聴器の構造を**図 5-11** に示す．（a）の耳あな型は耳の穴にすっぽり納まるタイプである．外から見て補聴器をつけていることが気づかれにくい．使用する人の耳穴の形状に合わせてシェル（外形部）をオーダーメイドで作成する．（b）は耳の後ろに掛けて使用する耳かけ型で，対象の聴力適応範囲が広い補聴器である．電池交換などの操作が簡単で扱いやすく，ボリュームコントロールやテレコイルなどの機

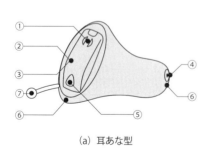
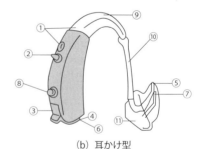

(a) 耳あな型　　　　　　　　　　　　　　(b) 耳かけ型

① マイクロホンの入音口　② 電源オン / オフ
③ バッテリーホルダー　④ 音口　⑤ グリップ
⑥ ベント　⑦ テグス

① マイクロホンの入音口
② ボリュームコントロール　③ 電源オン / オフ
④ バッテリーカバー　⑤ 音口　⑥ グリップ
⑦ ベント　⑧ プログラムボタン
⑨ フック　⑩ 導音チューブ　⑪ イヤモールド

図 5-11　補聴器の構造［出典：補聴器センターきむらホームページ］

第 5 章 音 波 《*83*》

能が搭載されている.

　いずれの型も，マイクロフォンの入音口で音を集めて，アンプで増幅し，スピーカー（レシーバー）で音を発生させる．マイクロフォンは音波の信号を電気信号に変換する．無指向性マイクロフォンは 360°すべて同じ感度で入力信号を変換する．指向性マイクロフォンは後方からの入力信号に対する感度を下げることによって，相対的に前方からの音を強調する．アンプの役割は，マイクロフォンからの電気信号の増幅である．しかし，単純に増幅するだけでは，まわりの騒音や雑音まで大きくなってしまう．そのため，最近の補聴器では，入ってきた音の強さ，高低，方向性といった要素を考慮し，不要な雑音をカットする機能がある.

　補聴器の主流がアナログからデジタルになることで，補聴器の性能は飛躍的に進歩した．アナログ補聴器は，補聴器に入ってきた音声信号（アナログ）をそのまま増幅してスピーカーから出力する．アナログ補聴器は，本来聞き取る必要がある言葉といっしょに，周囲のさまざまな音も同じように増幅してしまう．加齢による難聴の場合は，言葉を聞き取る能力が低下していることが多いので，周囲に雑音がある場合には，補聴器を使用しても言葉が聞き取りにくくなる．デジタル補聴器には，マイクロプロセッサが内蔵されており，音はアナログ／デジタル変換器によってデジタル信号に変換される．そしてマイクロプロセッサで信号処理が施され，使う個人に適したきめ細かな分析・処理が可能となる．処理されたデジタル信号は，デジタル／アナログ変換器によって再びアナログの音に戻される．日本補聴器工業会の統計によると，2003 年の補聴器出荷台数のうちのアナログとデジタルの比率は，ほぼ同じだったが，2009 年には，デジタル補聴器の比率が 86 %を占めている．補聴用の電池は，主にボタン型の空気亜鉛電池（空気電池）が使用される.

　⓶⓸⓵　補聴器は入ってきた音を大きくし，雑音などを弱くして聞きやすくする機能を持った器械である．耳あな型補聴器は耳にすっぽりと収まる形で，耳かけ型は聴力適応範囲が広く，ボリューム調整機能などがある．最近はほとんどデジタル方式が採用され，信号処理によって使う個人に適したきめ細かな分析・処理ができる.

8話　スピーカーとマイクロフォンの仕組みは？

　スピーカーは電気信号となっている音を耳に聞こえる音に変換する装置である．逆に，マイクロフォンは耳に聞こえる音を電気信号に変換する装置である．

　音−電気信号の変換システムとしていろいろな方法があるが，ここでは最も一般的な動電（ダイナミック）型について述べる．スピーカーの構造を**図 5-12**（a）に示す．磁石が固定している状態でボイスコイルに電気信号（音声信号）を流せば，フレミングの法則によってボイスコイルにつながっている振動板が前後に振動して音になる．磁石（マグネット）は**図 5-12**（a）に斜線で示されていて，ヨークは磁石に密着していて磁束を通りやすくする軟磁性材料でボイスコイルに磁束が横切るようになっている．ボイスコイルとつながった振動がコーン（紙の材料）を通して音として発散される．コーンは低周波の音に対してはゆっくりと，高周波の音に対しては高速で振動する．低周波音を忠実に再生するには大型のコーンが，高周波音を再生するには小型のコーンが必要となる．そのためオーディオ用のスピーカーでは小型と大型のコーンを両方使った 2-way あるいは 3-way の構造で低周波音と

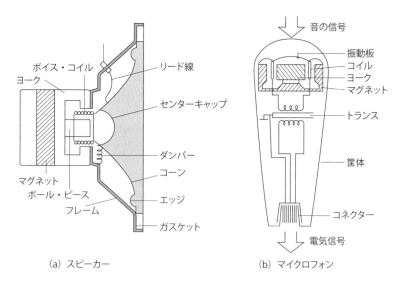

図 5-12　スピーカー（a）とマイクロフォン（b）の構造
　　　　［出典：唐澤　誠『音の科学ふしぎ事典』日本実業出版社，1997］

高周波音をよく再生するようにしている．**図 5-12**（a）のような裸のコーンだけではコーンの前面と後面とでは出る音の位相が反対になっているために音が打ち消される．それで，コーン全体を囲って前から出る音だけが聞こえるようにする，あるいは密閉箱に穴（ポート）を設けて特定の周波数を強調することが行われている．

　ワイアレスマイクは，音声伝送を有線ではなく電磁波（電波，赤外線，可視光線）を用いるマイクである．このうち電波を使用すると繁華街やカラオケボックスあるいは学校のような利用者が密集している場所では混信しやすく，会議では傍受・盗聴のおそれがある．その点，赤外線を用いると，障害物に強く壁を通過しない性質があるので混信，傍受・盗聴のおそれが少ない．

　マイクロフォンは，**図 5-12**（b）に示すように，音声による音波の振動を振動板で受け取ると，磁束が横切るコイルに電流が流れる．その電流を増幅して電気信号にする．したがって，マイクロフォンとスピーカーは音→電気信号→音という流れの中で，入り口と出口という逆の役割を受け持っている．しかし，空気の振動を拾うか生み出すかという違いはあるものの，同じ原理を使っている．

　振動を電気信号に変換する方式には，ダイナミック型だけではなくて，コンデンサー型，圧電型，炭素型などがある．コンデンサーマイクは，コンデンサーの電極間の距離が空気の振動で変化すると静電容量が変化する現象を利用したものである．

　圧電マイクは，強誘電体でできた圧電素子を電極で挟み音声信号を与えると圧電効果で電極間に電気信号を発生する．圧電効果とは強誘電体に圧力（音声）を与えると電圧を発生する現象である．

　炭素型は炭素粉の接触抵抗の変化を利用したマイクである．板状の 2 枚の電極の間に炭素の粉を入れた構造で，一方を固定電極，もう一方を可動電極にして，電極間に直流電流を流しておくと，音声（空気振動）により可動電極が振動し，電極と炭素の粉との接触抵抗が変化するため，両端に音声に比例した電圧の変化が得られる．

ま と め　スピーカーは電気信号となっている音を耳に聞こえる音に変換する装置である．磁石が固定している状態でコイルに音声の波形をした電気信号を流せば，コイルにつながっている振動板が振動して音になる．マイクロフォンは，磁石が固定した状態で音声による信号を振動板で受け取ると，磁束が横切るコイルに電流が流れて電気信号になる．

《86》

9話　騒音とその対策は？

　騒音には冷蔵庫，掃除機などの家庭用機器からの音，ドアの開閉音，ピアノ，カラオケ，ステレオ，テレビなど音響機器からの音，話し声，食器の音など生活行動に伴う音，ペットの鳴き声，自動車，列車，航空機の騒音，工場の機械や建設工事の音などがある．ピアノの音は好きな人にとっては気分よく聞けるが嫌いな人にとっては騒音と感じられる．騒音による健康被害としては，心理的不快感，イライラ，ストレス頭痛，睡眠障害，難聴，集中力の低下などがある．

　騒音の大きさは，国際的に規定された聴感補正の騒音計で測定された騒音レベル（単位は dB）を用いる．室内の騒音レベルとしては，75 dB がうるさくて我慢できないレベル，60 dB がうるさく感じるレベル，40 dB が静かだと感じるレベルである．人の通常会話は 60 dB 程度なので，40 ～ 60 dB が望ましい騒音レベルだといえる．

　音波はさまざまな方法で伝わっていく．空気中を伝わる音が壁にあたると，一部が空気中に反射し残りが壁の中に侵入する．侵入した音のうち一部は壁に吸収され，残りは反対側に抜けて透過する．その他，建具や壁のすき間からの音のもれや天井裏などを通じて隣室に音が伝わる 側路伝搬 という方法でも伝わる．音は，伝わる過程で四方八方に拡散しながら小さくなっていく．これを 距離減衰という．また途中にへいなどの遮蔽物があると，音はその裏側には直接伝わらないので小さくなる．これを 回折減衰 という．

　低周波音とは，周波数 100 Hz 以下の音で公害問題の一つとされている．ヒトの聴覚では感知できない低い 20 Hz 以下の振動も含まれる．20 Hz 以下の振動は通常は人体には感じられにくいが，窓ガラスが共鳴でガタガタ揺れるなどすると，不快な音となる．低周波音の影響は，住宅などの建物や建具のがたつきとして現れたり，また，不定愁訴など人体への種々の影響が現れたりする．低周波音は波長が長く，1 000 Hz の音波の波長が 34 cm のものが 10 Hz では 34 m にもなる．波長が長いほど物体の影にも回り込みやすく，その影響が大きくなる．低周波騒音としては，高速道路などの高架橋のジョイント部，新幹線等の鉄道トンネルの出口，冷凍機，ボイラー，ダム放水時の空気の渦，風力発電施設などが問題とされている．

　騒音対策は，発生源を影響の少ない離れた場所へ移す（距離減衰），発生源を囲うなど，音の伝わる経路をさえぎる（遮音），グラスウールなど音を吸収する効果

の大きい材料を内面にはる（吸音），集合住宅の跳びはね音を和らげるために，ゴム等を使用する．（制振，防振），音の伝わる経路にへいなどを建て，音の伝わる経路を遮断するなどがある．

騒音を減らす対策の一例として，トイレの古い換気扇を新しいものに取り替えた場合の音波の波形を**図 5-13**に示す．ここで，横軸は 0.5 秒程度まで示してある．騒音の波形は図のようにいろいろな周波数成分のものがランダムに入り交じったものが一般的である．ランダムな波形は人間にとっては意味を感じられないので，「騒音」と感じる．**図 5-13** では新しい換気扇に交換することによって振幅が半分以下になっている．

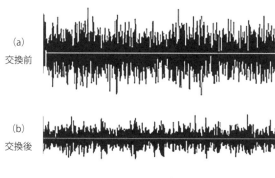

図 5-13 トイレの換気扇の騒音波形
［出典：noahnoah 研究所ホームページ］

⸺ ㊋㊌㊍ ⸺　騒音には家庭内機器からの騒音，ピアノやペットの鳴き声，自動車や航空機の騒音，工場からの騒音などがある．健康被害としては，イライラ，頭痛，睡眠障害，難聴，集中力の低下などがある．騒音対策には，発生源を遠ざける，音の伝わる経路を遮る，吸音材を使う，ゴム等の防振材を使う，へいなどで音を遮断するなどの方法がある．

10話 遮音，吸音，消音とは？

図 5-14 に音が壁に当たったときの入射波，反射波と透過波を示す．I は入射波のエネルギー，R は反射波，T は透過波のエネルギー，r は壁に吸収されるエネルギーを表す．エネルギー保存則より

$$I = R + T + r \tag{5-3}$$

の関係が成り立つ．厚い鉄板やコンクリートなどの遮音材を使うと，I と R はほぼ等しくなり T がゼロに近くなる．壁ががっちりした剛体だとすると，音波の振動エネルギーは壁に伝わらず完全に反射する．逆に，壁板が振動するなら，そのエネルギーは壁内を伝わり，反対側に透過波として放射される．

吸音とは音の振動が壁材にぶつかりエネルギーを失い，熱エネルギーに変換されることである．ここで吸音材として使われるグラスウールを例にとって考える．音がグラスウールに進入するとその部分の空気層が圧縮・膨張を繰り返す．その結果，空気の粘性によってグラスウールの表面との間で摩擦が起こり，グラスウールに伝わった振動により繊維間に摩擦熱が発生する．この熱発生がグラスウールの吸音性の原因であるが，空隙の大きさ，繊維の太さ，周波数に大きく依存する．厚さ25 mm のグラスウールでは，2 000 Hz での吸音率は 0.80 のものが，250 Hz では0.30 になる．層が薄くなるほど低周波音の吸音率は低下する．グラスウールの背面に空気層を設けると，低周波音の吸音率は改善する．グラスウールを直接壁材として使うことができないので，ガラス繊維の布，有孔板などが表面に使われている．防音工事は遮音材と吸音材を組み合わせて，総合的に防音効果が出るようにしている．オーディオルームやコンサートホールでは，材質だけでなく，それらの幾何学的な配置も考えて，残響時間が適切になるように配慮している．

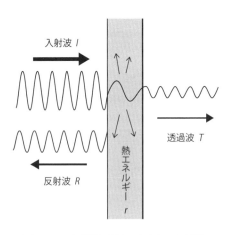

図 5-14 音が壁に当たったときの入射波，反射波と透過波

第5章 音　波　《 89 》

　人数の多い事務室などでは，人の話し声や電話の声などが気になることがある．そんな場合にノイズをわざわざ与えて人の声が気にならないようにする方法が使われる．いわば，ノイズで音を消す方法である．ホワイトノイズという雑音は**図5-13**のようにいろんな周波数のものが混じりシャーというような音である．事務室の内部騒音よりもやや大きいホワイトノイズをスピーカーから流すと，内部騒音がマスキング（遮蔽）されて気にならなくなる．マスキングはノイズが内部騒音の周波数を含むと効果が大きい．

　劇場やコンサートホールなどでは換気口の騒音がほとんど聞こえないが，それは消音器が使われているためである．消音チャンバーは，送風機と室内の間のダクトに鉄板でつくった箱を設け，その内部をグラスウールなどの吸音材で覆ったものである．それで，鉄板の箱の中に入った騒音が内部で拡散し，吸音材で吸音される仕組みになっている．

　吸音材を使うのとは別に，ダクト内にスピーカーを設けて雑音を発生させ，騒音を減らす方法が劇場やコンサートホールなどで採用されている．これは，騒音も音波の一種であることを利用して，音波と逆位相の雑音を発生させて騒音を消去しようとする方法である．単純にいえば，騒音が山のときは谷の雑音を発生させ，騒音が谷のときは山の雑音を発生させる．実際には，騒音と雑音との差の信号がゼロになるように，コンピュータを駆使して雑音のマイクの出力を制御する．

> **ま と め**　　鉄板やコンクリートは音波の反射率が大きいので遮音材として使われる．吸音材は音の振動を熱エネルギーに変えている．消音には，事務室などでホワイトノイズを与えて人の声などを気にならなくする方法，劇場やホールなどで消音チャンバーを設けて換気口の騒音を消す方法，騒音と逆位相の雑音を発生させて騒音を消去する方法がある．

11話 人の声はどのようにして録音・再生できるか？

　人の声は 100 Hz から 3 000 Hz の範囲の振動数を持った音波である．録音はその音声を記録媒体に記録する．空気の疎密波を電気的，光学的または物理的な構造物の媒体に記録する．古くはアナログレコードによる物理構造への変換が行われていたが，物理接触を伴う媒体では磨耗が発生し，再生出力が小さいことから，電気的に増幅するようになり，次いで電気信号を磁気媒体に記録する方法へ，さらには電気信号をデジタル化して磁気的ないし光学的な媒体へ記録するように変化した．近年では記録様式の多様化により，CD や MD などの音楽専用メディアの用途や日常会話や会議・公演などの記録にも使われている．

　ここでは，カセット磁気テープを例に録音・再生の方法を述べる．記録は，**図 5-15** に示すように，記録媒体と磁気ヘッドとの組合せによって，音声をマイクを通して音波の信号と同様な形を持った電気信号に変える．信号を短い時間に区切って，磁気ヘッドコアに巻かれたコイルに電流を流す．その結果，向きと大きさが違う磁界がコイルに発生する．この磁界は非常に微弱だが，コイルの内部に磁界に対する感度が非常に大きいヘッドコアと呼ばれる磁性体があり，これが発生した磁界に鋭敏に追随して磁化するので，コア内の磁束は大幅に増加し，電流信号に対応した比較的大きな磁界となってヘッドギャップから漏れ出る．一方，記録媒体の表面には無数の磁性微粒子を高密度に含んだ磁性層があり，ヘッド付近を通過する（例えば，カセットテープではテープが回ってヘッドの位置にくる）ときにこれら磁性微粒子がヘッドギャップからの漏れ磁界によって次々に磁化される．漏れ磁界の

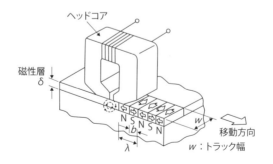

図 5-15　磁気記録過程のモデル図

第5章 音 波 《 *91* 》

出るヘッドの端は電流の向きに応じて N 極または S 極と変化するので,記録媒体上に形成される磁化もこれに対応して向きを変え,その境界で N 極または S 極などの磁極が発生する.これが記録媒体の記録状態である.磁性層中において長さ b の異なる磁石が連続的に形成されたと見ることもでき,信号の時間的な変化が記録媒体上で長さの変化に変換されたことになる.音の記録では,人が聞き分けられる 20 Hz 〜 20 kHz の信号が対象となる.カセットテープでは操作速度を毎秒 4.76 cm に保ち信号を直接記録する.テープ上に記録される b(**図 5-15** 参照)の長さは 20 kHz で最短の 1.2 μm となりぎりぎり対応可能である.

　記録の再生時には磁気ヘッドが記録媒体の記録によって生じた漏れ磁界を感知する.このとき,ヘッドコアは通過する磁界で容易に磁化してコイルを貫く磁束を変化させる.この磁束の変化によってコイルに電流が誘起され信号が再生される.音声を再生する場合には,電気信号をさらにアンプとスピーカーによって音声信号に変換する.磁気ヘッドコアの感度(透磁率)が高い必要があり,単結晶の MnZn フェライトなどが用いられる.

　磁気記録媒体には,カセットテープ,ハードディスク,磁気カードなどがある.いずれも基本的原理は同じである.記録媒体は,ハードディスクの場合は,アルミニウム合金基板の上に,磁気カードの場合は,プラスチック基板の上にそれぞれ磁性体が塗布又は薄膜形成される.磁性体は,塗布型では,γ-Fe_2O_3,Co-γ-Fe_2O_3,BaO・6Fe_2O_3 などの酸化物系,薄膜型では,Co-Ni-O,Co-Cr,Co-Ni-P などの合金系の膜が主に用いられる.

　近年,デジタル録音を行う IC レコーダーが普及しつつある.IC レコーダーは頭出しや巻き戻しが必要なく,小型軽量なため片手で扱え,パソコンと連動したり SD カードを記録メモリーとして交換できる機器もある.報道関係者の取材活動,会議・打合せ・講演などの内容の記録に利用されている.スマートフォンのアプリにも録音機能を持った IC レコーダーが付加されたことから私的な利用も進んでいる.

（ま）（と）（め）　音声を記録するには,音波の信号を記録媒体に記録する.磁気記録では,記録媒体と磁気ヘッドとの組合せによって音波と同様な形を持った電気信号に変える.磁気媒体には,磁性層中の異なる微小磁石を連続的に形成することによって電気信号と同様な磁石の形に記録する.再生時には,磁気ヘッドの漏れ磁界を感知して電気信号を経由して音声信号になる.

12話　山びこの声はどうして戻ってくるか？

　山びこの現象は，山の精あるいは山に棲む妖怪がその声を真似しているのだと考えられていた．また，樹木の霊「木霊」が応えた声と考え，木霊とも呼ぶ．山や谷の斜面に向かって音を発したとき，それが反響して遅れて返ってくる現象を山びこと呼ぶ．例えば目の前の壁に向かって声を発しても，声は戻ってこない．また，離れた人と会話をするときせいぜい数百 m しか届かないのに，数 km 離れた山から反響した声がなぜ届くのだろうか．

　音波は壁などの物体に衝突すると，その壁自体が音波と同じように振動する．それで，その物体の振動により再び音波が発生する．これによって生じたものが反響である．物体の性質によって，反響してくる音波は変化する．特定の周波数帯が弱まったり，音量（振幅）が小さくなったりする．反響は音波の自由端反射という現象である．それに対し，全く反響しない部屋は無反響室と呼ばれる．

　音速は毎秒 340 m くらいあるから，目の前のものに声を発しても，発した声と反射した声を聞き分けることができない．仮に 2 km 離れた山からやまびこが反射してきたとすると，戻ってくるのに 12 秒程かかる（**図 5-16**）．普通，声は山肌で減衰されるはずだが，山の神様が答えているみたいに思える．人間の聴覚は，人間の声に敏感である．同じ音量であっても，ほかの音よりは小さい音量でも聞こえる．さらに，山びこは，自分が発した声が戻ってくるという知識があるので，例えば「ヤッホー」なら「ヤッホー」という音だけに意識を集中するので，よけいに聞き取りやすくなる．人間の声は，意外と遠くまで届くことが実験で確かめられており，10 km くらいでも条件次第では聞こえたという実験結果もある．会話となると，あらかじめどんな言葉が発せられるかわからないので，聞こえた音を脳の言葉の情報と照らし合わせて，何の言葉なのかを判断する必要があるので，数 km 離れた人同士の会話は困難である．

　山びこの起こりやすい場所というものがある．それは，ちょうど地形がパラボラアンテナのよう形に似ていて，1 点から放射された音を元の 1 点に返すようになっているような場合などである．

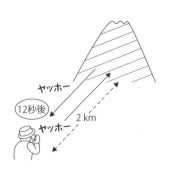

図 5-16　山びこの反響の様子

第 5 章 音　波 　《 93 》

　山びこの現象は山でなくても経験することがある．都市部においてマイクで行政から市民に通報がある場合などは，声がビルなどに反射して，はじめの声と反射した声とが重なり合って聞き取りにくい場合がある．トンネルの中で声を発すると返ってくる時間が短いのでエコーがかかったように聞こえる．電波も同じようにビルなどに反射するが，音波も電波も波の一種という点で共通している．

　音波が反射物から反射して帰ってくる音との間に時間遅れがある現象を反響またはエコーと呼ぶ．反射音が直接音より 50 ミリ秒以上遅れると，反響を感じると言われている．言葉は短い音の連続した繰り返しであるから，反響があると，明瞭度が著しく低下する．音楽ではリズムを狂わせ演奏できなくなる場合もあるので，反響は室内での音響障害の一番の原因とされている．大きなホールなどでは反射音がよく拡散するような室形とすることが大切である．

　山びこと反対の現象で，全く反響しない人工的な部屋は無響室と呼ばれる．無響室は工業製品や家電製品の動作音測定や音響機器開発などに用いられる．残響時間はほとんどゼロになるので，周囲の音の反射具合に影響されずに，音の発生または検出する音だけを測定できる．例えばスピーカーの周波数特性，マイクロフォンの指向性の測定などに用いられている．

　無響室の構造としては，グラスウールを針金の枠と薄い布で作った楔状の型の中に入れ，とがった方を部屋の内面方向にして床，壁，天井に隙間なく多数設置したものが一般的である．その場合，床はすのこ状の鉄枠などで浮かす．グラスウールは単体でも優秀な吸音材だが，楔状にすることにより，楔面に到達した音波が隣り合う楔の表面で反射を繰り返すたびに減衰するのでさらに吸音効果が大きくなる．

　㋵㋓㋱　　音波は壁などの物体に衝突すると，その壁が音波と同じように振動し，再び音波が発生する．これによって生じたものが反響である．山や谷の斜面に向かって音を発すると，それが反響して遅れて返ってくる現象を山びこという．音速は毎秒 340m くらいなので，2 km 離れた山から声が反射してきたとすると約 12 秒かかって戻ってくる．

13話 救急車が通り過ぎると音が変わるのはなぜか？

　救急車が通り過ぎると音が変わるのをよく経験する．音源が動いているときに，音の周波数が変化する現象をドップラー効果という．例えば，救急車が時速 60 km/h で走っているとすると，救急車は1秒に約 17 m 進むことになる（図5-17）．救急車が近づいてくるときは，音は1秒に約 340 m 進むから，5％（17/340）波が圧縮され，遠ざかるときは逆に 5％ 伸張されることになるから，周波数で 10％ の違いが生じることになる．救急車のサイレン音のピーポーの周波数は，770 Hz と 960 Hz だから，音階でいうと'ソ'（783 Hz）と'シ'（987 Hz）に近い音である．絶対音階を持っている人は，音を出しながら自分に近づいて，通り過ぎていく物体があると，その速度がわかることになる．

　ドップラー効果は，音源が動くだけでなく観測者が動く場合も起こる．観測者が音源に近づけば振動数が大きくなるし，観測者が音源から遠ざかれば振動数が小さくなる．この現象は以前から知られていたが，1942年にオーストリアの物理学者，ドップラーが以下のように数式化した．観測者も音源も同一直線上を動き，音源 s から観測者 r に向かう向きを正とすると，観測者に聞こえる音波の振動数 f' は

$$f' = f(V-V_r)/(V-V_s) \tag{5-4}$$

となる．ここで，f は音源の周波数，V は音速，V_r は観測者の動く速度，V_s は音源の動く速度である．

　ドップラー効果を利用して運動する物体の速度を測定することができる．運動する物体に向けて電磁波を照射し，物体による反射波を測定する．物体が運動しているときはドップラー効果によって反射波の周波数が変化するため，これと発射波の

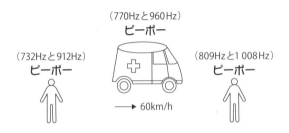

図5-17　救急車の前と後ろで聞く人の音の周波数

第 5 章 音　波　《 95 》

周波数を比較することにより，物体の運動の速さを算出する．電磁波を利用して測定するため，対象物の運動が光速を超えない限り理論的には計測が可能である．ドップラー効果を利用した速度計は，自動車の交通違反取締りや野球の投手が投げる速度測定に使われている．ドップラー・レーダーは，ドップラー効果による雲内部の降水粒子の移動速度を観測することで，雲内部の風の挙動を知ることができる．空港においては，離着陸する航空機に対するダウンバーストなどが観測されている．気象庁が 2008 年 3 月より全国 11 ヶ所に設置したドップラー・レーダーによる竜巻注意情報の提供を開始した．

　自然界には超音波を活用している動物がたくさんいる．その中でも有名なのがコウモリやイルカである．コウモリは超音波を発信し，そのエコーを検知することにより障害物を認識して飛行して，ドップラー効果を手足のように使っている．イルカは暗い海の中でも，えさとなる魚を探すことができる．これはイルカが人間の耳には聞こえない音（超音波）を出し，山びこのように戻ってきた音をキャッチしているためである．

　光の場合でも同様な効果がある．朝焼けが夕焼けほど赤くないのは，光のドップラー効果による．地球の自転によって，朝は太陽と相対的に近づいており，夕方は相対的に遠ざかっている．近づく光の波は圧縮されるので青っぽく見え（青方偏移）て，遠ざかる光の波は赤っぽく見え（赤方偏移）る．朝夕は光が斜めにきて通ってくる空気の層が長くなり，青い光はレイリー散乱によって散乱するので，赤く見えるが，夕方のときはそれが強調して見える．

　光のドップラー効果から恒星などの天体の可視光スペクトルに見られる吸収線の波長の理論値とのズレ（ドップラー・シフト）から，地球とその天体との相対速度を算出できる．光のドップラー効果の一例として太陽と銀河 BAS11 のスペクトルから赤方偏移が観測されている．吸収線の位置の変移を測定することで光源の視線方向の後退速度を計算し，宇宙が膨張していることが示されている．

まとめ　音源が近づいているときに音波が圧縮されるので周波数が増加し，遠ざかるときに音波が伸張されるので周波数が減少する．それで，救急車が通り過ぎると音が変わる．この現象をドップラー効果という．ドップラー効果は，観測者が動く場合も起こる．観測者が音源に近づけば振動数が大きくなるし，観測者が音源から遠ざかれば振動数が小さくなる．

コラム

コンサートホールの音響

　コンサートホールで聴く音には 3 種類ある．1 つは直接音といってステージの演奏者から直接に届く音で，最も速く伝搬する．次に届くのは，ステージ後ろの側壁や天井にさまざまな角度で取り付けられた反射板や床に反響してから，直接音より遅れて届く初期反射音である．さらに，最も遅れて届く残響音は室内のいろいろな壁，内装，床などに何度もぶつかって減衰する音である．聴衆は直接音，初期反射音，残響音の混ざり合った状態の音を聞くことになる．直接音は 0 〜 0.01 秒まで，初期反射音は 0.01 〜 0.05 秒までに聴衆に到達するが，人は両者を同じ音として認識する．残響音がない空間での音楽は味気ないものである．音楽の種類やコンサートホールの広さによって適当な残響時間がある．残響時間は一定に達した音が 60 dB（100 万分の 1）に減衰する時間と定義されている．残響時間はホールの広さを 10 000 m^3 とすると，会議場や映画館では 1 〜 1.5 秒，オペラ場では 1.5 〜 1.8 秒，コンサートホールでは 1.8 〜 2.1 秒，教会音楽では 2.1 〜 2.8 秒が適当とされている．

　理想的にはオーケストラの演奏を楽しむためのコンサートホールは，ステージで発せられた音がホール全体にくまなく響き渡ると同時にどの位置で聴いても同じバランスで聞こえるのが理想だが，なかなかそうはいかない．ステージに向かって一番右の最前列などに座ると，コントラバスや，チェロの音ばかりが腹に響き，バイオリンなどの高音部や一部の管楽器の音が聞こえにくかったりする．規模の小さなホールだとよほど端のほうでないかぎりはそんなに違いはないが，1 000 人以上の大ホールだと座る場所によりかなり差が出てくる．またホールの位置だけではなく，例えば 2 階席の下部分にある席などは，音が聞こえにくくなるのは否めない．

　ホールもまた一つの楽器であるというとの発想から，ホールは設計段階からコンピュータなどを使ってさまざまな実験や工夫研究がなされている．建築物の形状や室内装の吸音率データなどをコンピュータに入力し，直接音，初期反射音，残響音の位置ごとのデータを得ることができる．サントリーホールでは，10 分の 1 の内部模型を作成して実験したようだ．ほかのホールでのデータをもとに設計して素材を選ぶので，大きな誤差は出ないようだが，それでも実際に音を出してみなければわからないというのが現状のようだ．

第 **6** 章

超 音 波

超音波はヒトの耳には聞こえない
20 kHz 以上の音波である．光は固体
中や液体中をあまり伝わらないが，
超音波は固体中や液体中でも伝わり，
音波に比べて指向性や分解能がよい
ので，魚群探知機や医療診断装置と
して使われている．この章では，超
音波探傷器，超音波洗浄機，超音波
探傷器，超音波を用いた手術，コウ
モリやクジラの超音波利用術につい
ても紹介する．

《 98 》

1 話　超音波とは？

　超音波は人間の耳には聞こえない周波数が 20kHz 以上の音波である．超音波も音波の一種なので，気体，液体，固体などの媒体中を伝わるが，真空中では伝わらない．ただ，音波は周波数が高いほど減衰率が高くなるため，超音波は可聴音より短い距離しか届かない．

　光や電磁波は真空中や空気中をよく伝わるが，固体や液体ではほとんど伝わらない．逆に超音波は真空中ではまったく伝わらないが，空気や液体，固体中はよく伝わる．音波は光に比べてその伝搬速度は非常に遅く，その物質の状態や湿度，圧力などによっても変化する．光の速度は約 30 万 km/s であるが，空気中の音の伝搬速度は約 340 m/s，水では約 1 500 m/s，鉄では約 5 900 m/s である．また，音波は気体中では減衰しやすく，液体や固体では効率よく伝搬する．同じ 50 kHz の周波数を使った場合，電磁波の波長は 6 000 m であるが，超音波の波長は 6.8 mm に過ぎない．

　音波は光などど同じように，反射や回折をする．音波の反射は物質の音響インピーダンスが関係している．音響インピーダンス Z は物質の密度 ρ と音速 v の積である（$Z = \rho v$）．音響インピーダンスは音の伝播に関する抵抗値を意味し，音響インピーダンスが小さいほど少ない音圧で粒子速度が大きくなる．音響インピーダンスの値が大きく違う物質の界面では，音は反射するが，周波数は変化しない．例えばプールなどにおいて，空気中で放射された音を水中で聴こうとしても，空気と水の音響インピーダンスが著しく異なるため，その多くは水中には入らず水面で反射される．聞こえたとしても，その大きさは非常に小さくなる．超音波は可聴音に比べ指向性（強度がある方向に強くなる性質）や分解能がよく，周波数が高いほどよくなる．この性質は魚群探知機や医療診断装置で応用されている．例えば医療診断装置に使う場合は，ピンポイントでの計測が可能になり，細かなところまで見ることができる．指向性は音源の波長に対して振動面の面積が大きいほど，波長が短いほどよくなる．1MHz 以上の波長の超音波だとほぼ直進するとみなすことができる．

　音響インピーダンスは気体では約 100，液体では 10^6，固体では 10^7 の桁となる．このことは，同じ出力密度の音波を物質中に伝播させるには，気体に比べて液体や固体では粒子変位がはるかに小さくてよいこととなる．周波数が高くなって超音波の領域になると，変位はわずかでも高い音圧を発生し，強い出力を出すことができ

る. 例えば，音波では媒質が空気の場合に最大可聴音が 120 dB 程度でこれが出力密度で 1 W/m^2 に相当するが，動力として用いる超音波の場合には出力密度が $10^4 \sim 10^6$ W/m^2 と非常に大きくなる.

　超音波を発生する方法は，圧電効果や磁気歪効果，圧搾空気による噴気発音器などが主に用いられている. 圧電効果とは，BaTiO$_3$ や PZT（Pb (Zr$_x$, Ti$_{1-x}$) O$_3$）などの圧電体セラミクスに電圧を印加すると歪みを生じる現象で，交流電圧を印加すれば，その周波数でセラミクスが歪み，超音波振動が発生する. **図 6-1** は圧電体に交流電場を与えると歪みが生じて超音波振動が発生する様子を示す. 破線はセラミクスの元の形，実線は電場印加による歪んだ形を示している. 逆に，圧電体に超音波振動を与えると交流電場が発生する.

　超音波の応用として，情報信号，動力，電子回路素子がある. 情報信号への応用として，水中通信装置（ソナー），魚群探知機（測深機），距離計，非破壊検査装置（超音波探傷機），超音波診断装置，超音波厚み計，流量計，超音波リモコンなどがある. 動力への応用として，超音波洗浄器，超音波加湿器，超音波モータ，超音波溶接機，超音波治療器などがある. 電子回路素子への応用として，水晶振動子，遅延素子，フィルタがある.

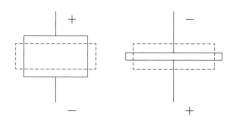

図 6-1　圧電効果の模式図

まとめ　超音波は周波数 20 kHz 以上の音波である. 超音波は圧電体セラミクスに交流電圧を印加して圧電体が歪む現象を利用する. 超音波は可聴音に比べ音波の指向性や分解能がよいため魚群探知機や医療診断装置で利用される. 超音波では変位はわずかでも強い出力を出すことができるので，超音波洗浄器や超音波溶接機などにも利用される.

2話　魚群探知機の仕組みは？

　魚群探知機は水中へ超音波を発射することによりその反射波をとらえて，魚群の存在や水深，分布状況，海底の様子などを知ることができる．魚群探知機の超音波は図 6-2 に示すように船底から真下へ向けて発射すると円錐状に広がる．海底や魚群に当たると微弱な反射波として船底付近まで返ってくる．船底でキャッチされた反射波は，電気信号に変換して受信回路へ送り込まれる．受信回路では信号を増幅するとともに，魚群探知機本体に内蔵されている演算機能により画面上に表示するための信号を作り出す．海水中の音波の速度は約 1 500 m/s なので，海底からの反射波が 1 秒後，魚群からの反射波が 0.5 秒後に帰ってきたとすると，海底の深さが 750 m，魚群の深さが 375 m と計算される．映像信号はカラー液晶ディスプレイ上に表示される．水中からの反射信号が強いものは赤色や橙色で，弱い信号は青色や緑色で表示される．密集度の濃い魚群や海底からの反射信号は強いので赤色系で表示され，密集度の薄い魚群や小さな魚などは青色系で表示される．

　最近の漁船は高性能の魚群探知機を備えている．目的の漁場に到達するために，魚群探知機には GPS の機能が付いていることが多い．過去の経験からその漁場では何が取れるかがわかっていてモニター画面で目的の漁場と現在位置との関係が一目でわかる．目的の漁場に着くと，一本の振動子で複数の周波数の超音波を使えるカラー画像に切り替える．海面は赤い線で，起伏の大きい海底の像も赤色で表示される．海底以外の密度の濃い魚群も赤く映るが，ほとんど反射のない海水は青色で示される．色を見れば超音波の反射信号の強弱がわかり，魚影の大きさ，形状，密度などがわかる．これだけでは魚の種類までは判別できないが，周波数を切り替えて探索範囲を絞ると過去の経験から魚の種類も判別できる．周波数を 100 kHz から 28 kHz に切り替えると超音波のビーム幅が広がり，深いところが見え，例えば 500 m 程度の深さにいる目的の魚を鮮明に見ることができる．逆に，浅海にいる魚の漁では 200 ～ 400 kHz

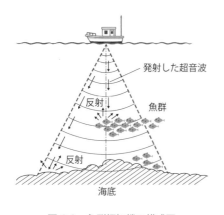

図 6-2　魚群探知機の模式図

第6章 超音波 《101》

の高い周波数を使う．魚群探知機には周波数により魚影の映り方が違うのを利用して，コンピュータ処理によって魚種が判別できる機能が付いているものがある．

　船底から真下へ向けて発射するやり方では舟が移動しなければ魚群をとらえることはできない．海は広いので短時間に広い範囲の魚群を探査したいという要望がある．そのため，振動子を水平方向に回転させると360°の方向を見ることができる．一度に全方向に超音波を発射して受信信号を高速の電子走査で切り替える高度な魚群探知機も開発されている．

　魚群探知機と同じ原理を使ってダイバー用の測深機や大型船舶の接岸装置も使われている．ダイバーは自分のいる深さがわからないと不安であるが，そのため懐中電灯型のポータブル測深機がある．目標に向けてプッシュボタンを押すとそこまでの距離が液晶画面に表示される．周波数は100 kHzで100 mまでの海底の距離がデジタルで表示される．濃い魚群の反射もとらえられるので魚群探知機としても使える．

　大型船舶の接岸装置も同じ原理で実用化されている．大型船舶の接岸時には潮流，風，波浪などの影響を強く受けるので，危険を感じても車のように素早くよけることはできない．桟橋から200 m付近で桟橋と平行になる．桟橋の船首側と船尾側の2か所に超音波の走波器と受波器が設置されていて，沖合の船舶に向かって超音波パルスが発射される．船体から反射された信号の往復時間を測り岸壁と船との間の距離と船の速度を知ることができる．さらに，桟橋の上にタワーが立っており大型電光掲示盤に船首側と船尾側それぞれの桟橋までの距離と速度がリアルタイムで表示される．

(ま)(と)(め)　魚群探知機は水中へ超音波を発射してその反射波をとらえて，魚群の存在や水深，分布状況，海底の様子などを知ることができる．船底で受信された反射波は，電気信号に変換して信号を増幅，演算して，カラー液晶ディスプレイ上に表示される．密集度の濃い魚群は赤色系で表示され，密集度の薄い魚群や小さな魚などは青色系で表示される．

《 102 》

3話　超音波探傷器の仕組みは？

　超音波探傷器は，トランスデューサー（プローブ，探触子）と呼ばれるセンサから発信した超音波が，内部の傷や反対面に反射し戻ってくる時間と強さを測定し，材料の内部の様子を計測する．超音波の発生には探触子を使用するが，探触子の内部には超音波の発生，受信を行う振動子が組み込まれている．超音波探傷器に使用される周波数は，一般的には 500 kHz ～ 20 MHz の範囲である．探触子を試験体に当て超音波を発生すると音波は試験体の内部を伝搬し，傷がない場合，超音波は底面で反射し（エコー）再び探触子に戻ってくる．途中に傷があると底面より先に傷でのエコーが探触子に戻ってくる．このエコーの探傷器に表示される図形から，傷の有無や位置を評価する．

　超音波探傷器は，金属，プラスチック，複合材料，およびセラミックスなどに幅広く使用されている．ただし，木材と紙製品などは超音波探傷試験には使えない．超音波検査技術は，画像診断や医療研究のために生物医学分野でも広く使用されている．

　超音波探傷試験は完全に非破壊的である．試験片を切断したり，薄片にしたり，有害な化学物質にさらす必要がない．マイクロメーターのような機械的に挟んで厚さ計測する手法とは異なり，片側からのアクセスしか必要ない．Ｘ線検査とは違い，超音波探傷試験では健康への影響がない．

　超音波探傷器のオペレータは波形表示を見ながら検査対象物の隠れた内部欠陥を検出できるように，超音波信号の生成と処理を行う．オペレータは良品部からの反射パターンを確認した後で，欠陥を示す可能性のある反射パターンの変化を探す．多種多様な割れ，空洞，剥離，異物，および構造の完全性に影響を与えるものを検出し，測定する．

　超音波トランスデューサー（探触子）は，電気エネルギーを機械振動（音波）に，音波を電気信号に変換する．一般に，小型の手で持てるサイズのもので，特定の試験ニーズに対応するために，多様な周波数およびスタイルで提供されている．

　超音波探傷器の試験方法を**図6-3**に示す．（a）は試験片に垂直に探触子を設置した図で，超音波パルスを発生して反射波を測定する．（b）は探傷波形で，Ｔは送信パルス，Ｂは底面のエコー，Ｆは傷によるエコーを示している．W_B から試験片の厚さが得られる．傷のエコーＦからどの深さに傷があるかわかるが，モニター画

面に傷の形を映すこともできる．**図 6-3** の試験片は表面が平滑であるが，ハンダ付けなどの探傷の場合は表面が平滑でないので超音波パルスを斜めに当てて探傷を行う．超音波探傷器は X 線を用いた探傷装置では探知が困難な固体内部の気泡や剥離層を感度よく検出できる．

　超音波厚さ計は，音響パルスを生成し，検査対象物の底面エコーを受信するまでの時間間隔をきわめて正確に測定する計測器である．厚さ計には，試験材料での音速がプログラムされており，材料音速情報と測定時間間隔を利用して，厚さは速度と時間の積として得られる．　最適な条件下では，市販の超音波厚さ計は ± 0.001 mm の高い精度であり，一般的なエンジニアリング材料では ± 0.025 mm 以上の精度である．

　超音波厚さ計の主な用途は，腐食した配管やタンクの残存肉厚の測定である．測定は，片側から探触子を押し当て，配管やタンクを空にすることなく，迅速かつ容易に行うことができる．ほかには，成型プラスチックボトル，タービン・ブレードや精密機械加工部品，鋳造部品，小口径の医療用チューブ，ゴム製タイヤ，コンベヤ・ベルト，グラスファイバー製の船体，コンタクトレンズの厚さ測定などがある．

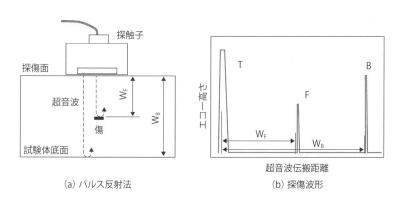

図 6-3　超音波探傷器の試験方法

> **まとめ**　超音波探傷器は探触子と呼ばれるセンサから発信した 500 kHz 〜 20 MHz の超音波が内部の傷や反対面に反射し戻ってくる時間などを測定し，傷の位置，形状，材料の厚さなどを計測する．超音波探傷器は金属，プラスチック，複合材料などに幅広く使用されているが，X 線による探傷と違って，固体内部の気泡や剥離層を感度よく検出できる．

4話　超音波診断の仕組みは？

　超音波診断装置は超音波を使って体内を映像化することにより，病変の診断を行う機器である．超音波を体内に照射して生体の超音波に対する反応を映像として表す．使われる超音波は数 MHz の高い周波数であるために，人の耳で聞くことができない．そのため，体内に超音波が照射されてもそれを意識することはない．しかし，生体の固有音響インピーダンスによる反射と透過が生じるために，生体内の音響特性を知ることができる．固有音響インピーダンスとは音波の伝わりにくさの度合いである．超音波の反射の違いによって臓器の形状がわかるし，臓器組織に病変が存在すると音響特性が変わるために，病変の有無も推察できる．

　図 6-4 は超音波診断の方法を示している．探触子から超音波を発信すると，生体内の臓器などで超音波の反射が起こり戻ってきた信号を探触子で電気信号に変換し，増幅した信号を映像化してモニター画面に映す．超音波診断はパルスエコー法が用いられ，送信と受信のタイミングをずらすことで送信用と受信用の探触子は共用される．検査に当たっては，探触子が体に接する部分にゼリーなどを塗布する．これは体と探触子との間の空気層を排除するためである．**表 6-1** に示すように，空気の音速，密度が小さいので，空気の固有音響インピーダンスは生体組織に比べ4 桁も小さくなる．そのために空気層があると超音波が反射してしまい，超音波を生体内に伝えることができない．超音波検査が肺には適さないのも同じ理由による．ゼリーの主成分は水で，生体の固有音響インピーダンスに近いために音が体内に入り込む．生体組織における固有音響インピーダンスの違いはごくわずかである．したがって超音波は組織境界面でほとんどが透過しわずかしか反射しない．このわ

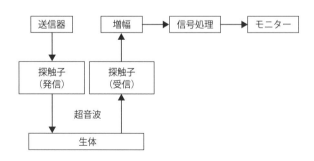

図 6-4　超音波診断の方法

ずかな反射信号を画像構成に用いる. **表6-1** の値は臓器組織を巨視的にみた値で, 微視的にみると同一の臓器であっても均質ではない. 脂肪の固有音響インピーダンスが臓器に比べて小さいので臓器に脂肪が多く含まれているかどうかがわかる. 臓器内に濃淡が見られるとそれが病変によるものかどうかがチェックされる.

超音波診断の分解能は超音波の波長より小さくはならない. 5 MHz の超音波の波長は 0.3 mm であるが, 実際の分解能は超音波パルスのパルス幅に規定される要素が大きい.

超音波診断装置は, 体内の器官の検査はもちろん, 妊婦の胎児検診にも利用されている. 赤ちゃんの様子を立体的に, 動画で観察することもできる. 動画像が得られるので, 心臓のように動きのある臓器の検査にも有効である.

表6-1 生体成分の音響特性

	密度 $\times 10^{-3}$ (kg/m³)	伝搬速度 (m/s)	固有音響インピーダンス $\times 10^{5}$ (kg/m²/s)
血液	1.06	1 560 〜 1 600	1.68 〜 1.70
血漿	1.00	1 530 〜 1 550	1.53 〜 1.55
骨	1.38 〜 1.8	2 800 〜 3 700	3.86 〜 6.70
脂肪	0.92	1 480	1.35
腎臓	1.04	1 560 〜 1 590	1.62 〜 1.64
肝臓	1.06	1 550 〜 1 610	1.64 〜 1.71
筋肉	1.07	1 580 〜 1 610	1.68 〜 1.72
水	1.00	1 480	1.48
空気	0.00013	344	0.0004

(ま)(と)(め) 超音波診断装置は超音波を使って体内を映像化し病変の診断を行う機器である. 探触子から超音波を発信すると, 臓器などで反射された信号を探触子で電気信号に変換し, 映像化してモニター画面に映す. 臓器などの音響特性の違いはごくわずかであるが, そのわずかな反射波の差を利用して病変の診断を行う.

5話 超音波洗浄機の仕組みは？

　超音波洗浄機は，20〜50 kHz 程度の超音波を用いて洗浄する器具である．超音波は出力密度が 10^4〜10^6 W/m² と非常に大きくなることを利用して超音波洗浄機など動力として用いることができる．超音波洗浄装置は超音波発振器と超音波振動子からできている．超音波振動子には圧電型と磁歪型があり，最近は圧電型のBL振動子が主流となっている．

　超音波洗浄器では，洗浄する物体を洗浄槽に入れ，超音波を伝導する液体（水または有機溶媒）に洗浄する物体を浸す．水で洗浄する場合は，表面張力を打ち消すために界面活性剤を入れる．超音波を発生させる装置は洗浄槽の底に円盤状の振動板をパッキングで固定し，裏に振動子を貼り付けるタイプと振動子を水密ケースに入れて洗浄槽に入れてリードを外に引き出す投げ込み式のタイプとがある．

　超音波発振器で超音波振動子を駆動すると液体中に超音波が伝播する．洗浄の作用は微細な泡の発生と破裂（キャビテーション）に伴うエネルギーによる．図 6-5 に超音波洗浄における圧力とキャビテーションの関係を示す．音波の場合は人が聞く最大音が 120 dB 程度で音圧にすると 20 Pa，パワー密度が 1 W/m² である．超音波の場合は周波数が 50 kHz とすると，音圧が 1 気圧（10^5 Pa）程度，パワー密度が 3 500 W/m² 程度を容易に得ることができる．図 6-5 において洗浄槽は大気圧なので約 1 気圧で，山の頂上の気圧は約 2 気圧である．次に図 6-5 における谷

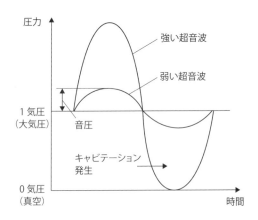

図 6-5　超音波洗浄における圧力とキャビテーションの関係

の底の気圧は 0 気圧で真空状態である．真空状態になる以前に減圧状態で媒質または媒質に溶け込んでいた気体が蒸発して空洞ができる．圧力が回復すると空洞がつぶれはじめ，急激な圧力の増加で泡がつぶれて強い衝撃波を発生する．このように，膨張力と圧縮力の繰り返しによる衝撃波で，洗浄物に付着している固体性の汚れを直接破壊して洗浄液中に分散させる．超音波の周波数がより高いほど，泡の発生するポイントが多くなり，より高精度の洗浄ができる．

　液体中に超音波を発生させると，液体の粒子も振動する．その際に発生する加速度は超音波の周波数が高くなるにつれて大きくなる．周波数 28 kHz，超音波強度 10 000 W/m^2 の条件で重力の加速度の 1 500 倍にもなる．このような強い加速度が洗浄物表面の汚れを固体表面から振り切ると考えられている．

　液体中に超音波を発生させると，超音波の進行方向に流れを生じる．この直進流は超音波強度が 5 000 W/m^2 以上になると目視でも観察できる．直進流は振動面にほぼ垂直に，流速は 10 cm/s 程度である．この直進流により洗浄面付近の洗浄液の撹拌が行われ，溶解速度を増大させるし，汚れの運搬にも役立つ．また，溶解しにくい溶質を溶解させる際に容器を洗浄機内に漬けて超音波により迅速に溶解させて使用することも可能である．超音波洗浄は，洗浄液に浸すだけで洗浄ができる，細孔など形状が複雑なものでも洗浄ができる，洗浄品質が均一である，短時間の洗浄が可能であるなどの特徴を持つ．

　超音波洗浄器は，宝石，レンズなどの光学製品，コイン，時計，歯科や外科治療で使われる器具，機械部品，電子機器，自動車，スポーツ用品，印刷，製薬，電気めっきなどの洗浄に使われる．家庭用超音波洗浄器も販売されていて容易に入手できる．

　㊥㊟㊩　　超音波洗浄機は超音波の出力密度が非常に大きくなることを利用した洗浄器具である．洗浄する物体を水か有機溶媒に入れて超音波を発生させると，微細な泡の発生と破裂に伴う衝撃波が発生する．膨張力と圧縮力の繰り返しによる衝撃波で洗浄物に付着している固体性の汚れを直接破壊して洗浄液中に分散させることができる．

6話　超音波溶接・溶着の仕組みは？

　金属同士が貼り付かない最大の要因は，金属は空気中に放置されると表面に酸化物ができるためである．例えばアルミニウムでは一瞬でも酸素に触れると強い酸化被膜を形成するので塩素系の化学溶剤を用いて皮膜を溶かし，空気と地金との接触を絶ちながらハンダ付けをする．また金属表面は通常，油やほこりなどの物質による汚れがあるため接合は複雑になる．

　専用のハンダ材料を熱で溶かしてハンダ付けの表面に超音波を照射すると，塩素系の有害なフラックス（融剤）を用いなくても，アルミニウム，ステンレス，ガラス，セラミックスに強固なハンダ付けをすることができる．**図 6-6** に示すように，圧電振動子にホーンを取り付けて振動子を駆動すると，先端部分の超音波振動が増幅される．このホーンの先端にハンダ付けを行うためのチップが接続してある．この超音波ハンダ付け装置に加える超音波の周波数は 15～100 kHz が用いられる．広い振動面を必要とするときは低い周波数を小型なときは高い周波数を使う．超音波の出力は 10～500 W のものが用いられるが，ハンダ付けの面積や形状に応じて選ばれる．先端の振動の振幅は 2～10 μm で，振幅が小さすぎるとキャビテーション効果（液体の流れの中で圧力差により短時間に泡の発生と消滅が起きる現象）が弱くてハンダが付かないし，強すぎるとハンダが粉末状になって飛散して酸化が進んでよい接着ができない．ガラスやセラミックスは酸化物でできているのにハンダ付けができる理由は，ハンダ材料に添加されている亜鉛，アルミニウム，ケイ素は酸素に対する親和性が強いので，ガラスやセラミックスの表面の酸素と結合して接着する．接着面での化学結合を強くするには，表面の有機物，ほこりなどの異物，空気層（気泡）を除去する必要がある．特に，気泡の除去のためには超音波振動が効果的で，短時間に空気を除去できる．有機物やほこりなどの異物は超音波振動によって粒界に分散移動し接着面にあまり残らないため接着面での化学結合は強固になる．

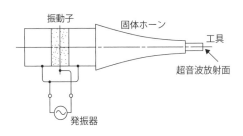

図 6-6　振動子に接続されたホーンと超音波の放射面 ［出典：超音波工業会編『はじめての超音波』工業調査会，2004］

超音波金属接合は，**図 6-7** に示すように固体ホーンを用いて工具側の端面の移動速度が振動子側に比べて大きいので工具側に増幅するようになっている．同種または異種の金属を重ね合わせてアンビル（鉄製の台）上にセットし，接合面に垂直な静圧力を加えた状態で，接合面に平行な超音波振動を発生させる．このとき二つの金属は非常に短時間で接合する．この接合過程は2段階で行われる．第1段階では，超音波振動によって二つの金属同士が摩擦を起こし，表面の吸着物や酸化皮膜が破壊されて，清浄になるとともに平滑になる．第2段階では，工具と試料の間に相対運動が起こり，塑性流動によって接合面積が大きくなる．

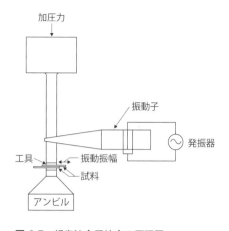

図 6-7 超音波金属接合の原理図
［出典：超音波工業会編『はじめての超音波』工業調査会，2004］

　超音波によるプラスチックの接合も同様の方法で行われる．近接溶着では，金属製のアンビルとホーンとの間にプラスチック2枚を挟み，接合面に垂直な静圧力を加えた状態で，接合面に垂直に超音波振動を加える．このとき，プラスチック同士に交番的な圧力が加わり圧縮膨張運動による発熱が起こり，プラスチック間の接触面は溶融温度以上になって短時間で溶着する．

> **まとめ**　ハンダ材料を熱で溶かして表面に超音波を照射すると，フラックスを用いなくても，キャビテーション効果などでアルミニウムやセラミックスなどに強固なハンダ付けをすることができる．接合面に垂直な静圧力を加えた状態で超音波振動を印加することにより，金属同士，プラスチック同士の接合を行うことができる．

《110》

7話 超音波を用いた手術とは？

　外科手術では，手術中メスに脂が付着すると切れなくなる．そのため途中でメスを交換しなければならない．メスの刃に縦振動の超音波振動を加えると，メスの先端に付着した脂肪分は乳化し，脂肪が刃先に付着せず，切れ味を持続させることができる．また，刃先の超音波振動によって組織と刃の間に摩擦熱が発生し，微細な血管からの出血を押さえる効果もある．

　白内障，肝臓，脳などの手術では，超音波振動を直接生体組織に作用させて組織を乳化し，ポンプで体外に排出する方法がとられている．白内障は眼の水晶体が白濁硬化する疾患で，従来の手術では白濁した水晶体を取り出すために角膜の周囲を切開する必要があり，治癒までにかなりの期間が必要であった．しかし，超音波メスを使った手術では，メスの先端を入れる角膜の範囲はわずかの面積でよく，超音波振動で白濁した水晶体を砕いて乳化する．乳化した水晶体をポンプで吸出し，人工の眼内レンズに入れ替えれば視力を回復することができる．その際，角膜を一針か二針縫うだけの簡単な手術で済む．

　肝臓，脳などの外科手術でも超音波メスが使われている．電気メスやレーザーメスに比べて神経や 0.5 mm 以上の血管なども超音波振動で損傷されることがなく，臓器の切離面の組織の損傷が少ない．超音波メスで患部の組織を乳化し，切除，吸引する方法は，血管が多くて大量出血のおそれのある軟組織の肝臓，腎臓，脳などの外科手術に有効である．

　超音波メスの構造はニッケル製の振動子に超音波を増幅するためのホーンを取り付け，ホーンの先端に小さな刃がついている．振動子の振幅は数 μm と小さいがホーンの先端の振幅は 20 〜 30 倍になり，組織の乳化に必要な振動エネルギーを得ることができる．刃の先端に生理的食塩水を供給するパイプと超音波振動により破砕し乳化した組織を生理的食塩水と一緒に吸引するパイプとが取り付けられている．生理的食塩水を使うことによりホーンの温度上昇を抑え，患部と振動チップとの間を音響的に結合させる役目をしている．

　腎臓，尿管，膀胱などの結石治療は，以前はメスで尿管や膀胱などを切り開いて，結石を取り出していた．最近では，**図 6-8**（a）に示すように，内視鏡で結石を確認しつつ，超音波で砕いて吸引除去する方法や，**図 6-8**（b）に示すように，体外で発生させた衝撃波を集束させて結石に当て，体内で細かく砕いて体外に放出させ

る方法などが行われている．体外で発生させた衝撃波を結石に集中させて破砕する方法は尿路結石の治療の90%以上が行われている．発生した衝撃波（超音波）を集束させる方法としては，図 6-8（b）に示すように，超音波振動子を球殻状に配置する方法などが用いられている．

図 6-8（b）に示した装置において，水中に置かれた一対の電極間に10～20 kVの高電圧をかけて放電させると水は瞬間的に蒸発し，気泡とともに衝撃波が発生する．衝撃波は物質中に疎密をつくりながら伝搬してゆく音波である．結石は硬くて音響インピーダンスは水や生体組織と大きく異なる．衝撃波が結石に当たると一部は結石の中を進むが一部は生体との境界面で反射される．この相反する両方の力で結石内には大きな引っ張り応力がかかって結石を破壊すると考えられている．一方，生体の組織は水と音響インピーダンスが近いので応力が発生せず，衝撃波が通過するだけなので損傷を受けない．

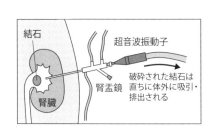

(a) 結石に直接振動体を接触させる方法　　(b) 体外から超音波を集束させる方法

図 6-8　超音波結石破砕方法の原理図［出典：本多電子株式会社ホームページ］

> **まとめ**　白内障，脳などの手術では，超音波メスを直接生体組織に作用させて組織を乳化しポンプで体外に排出する．神経や血管などの損傷がなく臓器の損傷が少ない．腎臓や膀胱などの結石手術では内視鏡で結石を確認しつつ超音波で砕いて吸引除去する方法，体外で発生させた衝撃波を集束させて結石に当てて細かく砕いて体外に放出する方法がある．

《112》

8話　コウモリはどのように超音波を利用しているか？

　動物が自ら発した音が何かにぶつかって返ってきたものを受信し，それによってぶつかってきたものの距離を知ることを反響定位（エコーロケーション）という．それぞれの方向からの反響を受信すれば，そこから周囲のものの位置関係，それに対する自分の位置を知ることができる．これは，音に関する感覚でありながら，聴覚よりも視覚に近い役割である．

　音の反響を利用して餌を取る動物で有名なのは，哺乳類でありながら空を飛べるコウモリである．コウモリ類には大きく二つの群があるが，大型で果実食のオオコウモリ類は大きな目を持ち，視覚に頼って生活する．反響定位を用いるのは，小型で昆虫などを食べる小型コウモリ類のほうである．

　小型コウモリ類は目がごく小さく，耳は薄くて大きい．小型コウモリ類は視覚が弱く，網膜で色を感じる錐体細胞が欠けている．逆に聴覚が発達していて，外見的にもウサギの耳のような長い耳介を持っていて集音用アンテナの役割をしている．コウモリが発射する超音波の音圧は 100dB 程度と強く電車が走るガード下の騒音と同程度である．その理由は空気中では超音波の減衰が大きいからで，それを補うためにコウモリは強い超音波を出していると考えられる．耳の入口には耳珠と呼ばれるヤリ状の突起があり，目標物から反射してくる弱い音波を効率よく集める集音器の役割をしている．耳珠は自らが出す強い超音波によって耳の器官が破壊されないように保護する役目もしている．耳介を動かす筋肉は非常に発達していて，音源の定位や自らが出す超音波ビームの方向に向けてデリケートな動きが素早くできる．コウモリは鼻から超音波を発射する際に，鼻の周囲に鼻葉と呼ばれる複数のヒダによって超音波を収束させている．コウモリは反響定位にたよって飛行するので，実験的に室内に針金を張り巡らせてその中を飛ばせると，コウモリは針金にぶつからずに飛び回ることができる．

　コウモリは高速で飛び，宙返り，急旋回，急降下などすぐれた飛行術をもっている．多くのものは空を飛びながら，飛んでいる昆虫を空中で捕獲する．**図 6-9** に示すように，鼻から間欠的に超音波の領域（20 ～ 200 kHz）の音を発して，それが目標に当たり反射してくるまでの時間から標的までの距離を，反射波の波面の角度から標的の方向を知る．また，標的からの反射波はドップラー効果によって周波数が変化しているので，その変化から相対速度を知ることができ，反射波の強度か

ら標的の大きさを推定することができる．昆虫などを捕らえる直前は，音を発する頻度が高くなる．

　コウモリは反響定位とすぐれた飛行術によって昆虫などを捕食するが，捕食されるほうでも無策でいるわけではない．コウモリの餌のひとつであるガは体の表面にフワフワとした毛があり多くの粉がついていて超音波が反射しない構造になっている．それでコウモリはガを見つけにくい．ある種のガは翅の端の部分にウブ毛状のふさ毛を多数生やして乱気流により翅音が出ないようにしている．ガはコウモリが出す超音波を 40 m 先から検知する高感度の超音波受信機を持っている．ガはコウモリが出す超音波パルスを感知すると直ちに飛行コースを変えて逃げる．間近にコウモリが迫った場合は，急降下，急旋回，あるいは翅を閉じてストンと落下する等の行動をとるものがある．

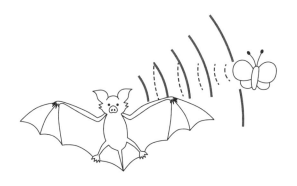

図 6-9　コウモリの反響定位

> **まとめ**　コウモリは高速走行，宙返り，急旋回，急降下などの飛行術をもっていて昆虫を空中で捕獲する．小型コウモリは鼻から間欠的に超音波の領域の音を発して，その反響によってガなどの昆虫の位置を知り捕らえる．ガは間近にコウモリが迫った場合は，急降下，急旋回，あるいは翅を閉じてストンと落下するなどの行動をとるものがある．

《 114 》

9話　イルカやクジラはどのように超音波を利用しているか？

　動物が動きながら餌を得るには，周囲の位置関係を知ることが最も重要な感覚である．光は伝達速度が速く到達距離が長く波長が短いので，多量の情報を素早く遠くに伝えるには適している．それでも音がそれに代わって用いられるのは，光が利用できない条件下である．その場合，波長が短いほうが情報量は多いことから，人の可聴領域以上の音すなわち超音波が用いられる．

　水中では光は強く水に吸収されるため，100 m 先も見通せない．それに対して，音は水中では空気中よりはるかに速く伝達する．空気中での音の伝達速度は340 m/s 程度だが，水中では 1 500 m/s 近くである．水中で遠くを見通す必要があると，光は役に立たず音波のほうがはるかに有効である．海洋で水深を測定するために超音波が利用され，魚群探知機も超音波の反射によって魚の群れの位置を探す装置である．

　水中では，ハクジラ類が反響定位（エコーロケーション）を行うことが知られている．イルカもハクジラ類の一種で体長 5 m 以上はクジラ，5 m 以下をイルカと呼ぶ．ハクジラ類は 3 種類の音を出すことで知られている．ホイッスル音はピーピーと笛を吹いているように聞こえる音でイルカ同士のコミュニケーションに使われている．周波数は 1 〜 24 kHz で人間にとってはかなり高い音に聴こえる．クリック音はエコーロケーションに使われる声で，周波数は 110 〜 130 kHz でイルカが水中でエサなどの位置や大きさを把握するために使われている．バーク音という声はイルカが興奮したり威嚇したりするときの声で，さまざまな周波数が重なり合ってできている．

　イルカの呼吸孔（鼻孔）は水中では筋肉組織でできた弁で閉じられている．水面に浮上したときに弁をあけて空気を取り入れ，大きく呼吸をする．発声をするときは肺に十分入った空気が気道を通り呼吸孔内に強く吹き込まれる．口笛を吹く原理と同じで呼吸孔内の複雑なヒダや呼吸弁を振動させて音が発生する．**図 6-10** にイルカの頭部の構造を示す．発音器官と表示されているところから主として音波が発射される．呼吸孔から出る音は点音源であるため，普通は超音波が拡散して減衰するはずである．ところが，イルカの頭部の構造は超音波ビームを絞る役目をしている．イルカの上あごの骨は**図 6-10** にあるように，おわん型をしていてパラボラアンテナのように前方に超音波ビームを絞る効果がある．さらに，頭部のメロンとい

う繊維質に脂肪が入ったかたまりがある．脂肪部分は水よりも音速が遅いので，メロンの部分が超音波を屈折させ収束レンズとして機能して指向性の高い超音波となる．

　イルカの発信する超音波はかなり強いものなので，音の受信系に悪影響をもたらす懸念がある．イルカは超音波発信音を上あごの骨で遮蔽して，イルカのデリケートな内耳を破壊しないようになっている．超音波の受信は，眼の後方にある耳孔ではなく下あごに伝えられる．下あごの骨と筋肉層で音を増幅し，鼓膜，耳小骨から内耳に伝える．イルカの左右の耳は別々に機能するので，それぞれ独立した音の情報が伝えられ，立体的な方向感覚を持つことができる．

　ハクジラ類はイルカと同様の音響行動をとるが，シロナガスクジラやザトウクジラクジラなどのひげクジラ類は反響定位の能力を持っていない．ひげクジラ類は発声のため，体内で空気を循環させていると考えられている．ヒゲクジラ等が発する可聴音は，その遊泳を補助する役割を持っている．例えば，水中での深度や，前方にある大きな障害物などは，ヒゲクジラが発する大音量の声で探知できる．

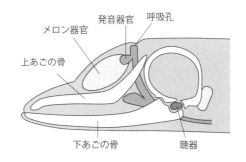

図 6-10　イルカの頭部の構造

まとめ　水中ではイルカやハクジラ類が反響定位を行うことが知られている．イルカはイルカ同士のコミュニケーションに使うホイッスル音，反響定位に使うクリック音，興奮したときに発するバーク音を発する．クリック音の周波数は110〜130 kHzで，水中でエサなどの位置や大きさを把握するために使っている．ひげクジラ類は反響定位の能力を持っていない．

コラム

超音波モータ

　超音波モータとは超音波振動を利用して摩擦駆動させるモータである．位相の違う2種類の超音波振動を圧電振動子でつくり金属板を1秒間に2〜20万回振動させると，板の表面に楕円運動が発生する．この楕円運動は**図6-11**に示すように，そろばんの玉が全部回転しているような状態なので，金属板（そろばん）の表面に物体をのせると，サーフィンの波のりの原理で物体が滑るように表面を一方向に進む．この原理を利用してリニア型や回転型の超音波モータが設計できる．形状は薄い円盤形，細長い円筒形などのモータができる．超音波モータは超小型化できることが特徴である．

　振動アラーム式腕時計用の超音波モータは直径10 mm，厚さが4 mm程度で，無負荷回転数は毎分6 000回転である．超音波モータのロータに偏心錘を取り付けたもので，あらかじめ設定した時刻になると超音波モータが作動し，偏心錘による回転による振動を皮膚に直接伝え，音を鳴らさずに時刻を知ることができる．同様の用途で，結婚式の披露宴などで，カメラのレンズの動作音やフィルム巻き上げ音が気になる場合に超音波モータが使われている．一眼レフのカメラの自動焦点合わせに使われている．超音波モータはロボット，位置決め装置のアクチュエータ（モータによってエネルギーを並進または回転運動に変換する装置）などに使われている．また，超音波モータは磁石を用いないモータなので，MRIなど高磁場内でのアクチュエータとして有用である．

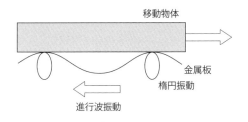

図6-11　進行波型超音波モータの原理

第 7 章

電　波

電波は波長が 0.1 mm 以上（周波数
3 THz 以下）の電磁波で，光速で伝
わる．電波は直進するが，金属，大地，
コンクリートなどの障害物があれば
反射する．電波はその周波数帯によっ
て性質が若干異なり，通信，レーダー，
テレビ，携帯電話，ラジオ放送など
に利用されている．この章では，テ
レビ，ラジオ，アンテナ，携帯電話，
レーダー，気象レーダー，盗聴，電
子レンジの仕組みについても紹介す
る．

1話　電波とは？

　電波は光と同じ電磁波である．電波は300万MHz（= 3 000 GHz = 3 THz）以下の周波数を持つ電磁波である．光は電磁波のうち波長が可視光線の領域にあるものに限定する場合もあるが，普通は紫外線，赤外線をあわせて光と呼ぶ．電波と赤外線の境界は振動数にして3 THzで，波長で表わすと0.1 mmである．電波は言い換えると0.1 mm以上の波長の電磁波ということになる．

　電波は電磁波なので，空間の電界と磁界の変化によって形成される波動で，**図1-3**に示すように電界と磁界が発生して振動する状態が生まれ，周期的な変動が周りの空間に横波となって伝わっていく．その進行速度は光速である．電波は波の性質を持っているので，障害物のないところでは直進する．電波は，レーザー光線のように一点に絞ることは難しいが，周波数が高ければパラボラアンテナなどによって，あまり広がらずに伝送できる．光が鏡で反射するように，電波も金属板などの導体でよく反射する．また，大地，地球を取り巻く電離層，鉄筋コンクリート製の建造物も導体として扱えるので，電波は反射する．電波は同じ周期の波が二つ以上の経路を通ってある地点に達したとき，それらの合成波ができ強め合ったり弱め合ったりする．これを電波の干渉という．電波は直接波と物体に当たった反射波とが干渉を起こす．電波は障害物があると，その後ろまで回り込む性質があり，これ

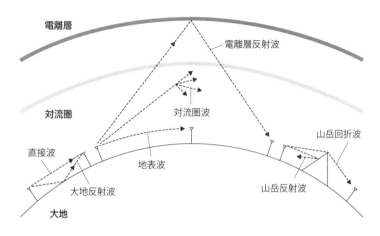

図7-1　電波の直接波，反射波，回折波

を回折という．電波は性質の異なる媒質を進むとき屈折する．大気の温度差や高度差による屈折率の変化で電波は屈折する．**図 7-1** に電波の直接波，反射波，回折波の様子を示す．

電波はその周波数または波長によって，名前がつけられ分類されている．その分類と用途を**表 7-1** に示す．電波はラジオやテレビ放送，各種無線，携帯電話，飛行機や船舶の安全航行のための電波航法，宇宙通信などに使われている．電波によって情報を伝えるには発信周波数の幅を必要とする．また電波の周波数帯には限りがあるので，有効な周波数帯をうまく割り当てねばならない．勝手に同じ周波数や近い周波数の電波を同時に発信すると互いに妨害を起こして，通信の障害になる．そこで電波法という法律があり，電波の利用者に免許や許可を与える電波行政を郵政省が行っている．

表 7-1　電波の周波数または波長領域による分類と用途

名　前	記　号	周波数領域	波長領域	用　途
サブミリ波	―	0.3 〜 3 THz	0.1 〜 1 mm	距離計
ミリ波	EHF	30 〜 300 GHz	1 〜 10 mm	宇宙通信，無線航行
マイクロ波	SHF	3 〜 30 GHz	1 〜 10 cm	宇宙通信，レーダー
極超短波	UHF	0.3 〜 3 GHz	10 〜 100 cm	テレビ，携帯電話，宇宙通信
超短波	VHF	30 〜 300 MHz	1 〜 10 m	テレビ，FM 放送，無線
短波	HF	3 〜 30 MHz	10 〜 100 m	短波放送，無線
中波	MF	0.3 〜 3 MHz	1 〜 10 km	ラジオ放送，交通情報
長波	LF	30 〜 300 kHz	10 〜 100 km	船舶，航空機航行用
超長波	VLF	3 〜 30 kHz	100 〜 1 000 km	船舶向け通信

記号の説明：F (Frequency), H (high), M (Medium), L (low), E (Extreme), S (Super), U (Ultra), V (Very)

まとめ　電波は周波数 3 THz 以下，波長 0.1 mm 以上の電磁波である．電波は電磁波なので，電界と磁界の周期的な変動が周りの空間に光速で横波となって伝わっていく．電波は波の性質を持っているので，障害物のないところでは直進し，金属板などで反射する．電波は干渉，回折，屈折など波の性質を示す．電波は通信や放送などに利用されている．

《120》

2話　直進する電波がなぜ地球の裏側に届くか？

　電波の受信電圧 E_r は波長 λ と送信電力 P_t の 1/2 乗に比例し，送受信間の距離 d に反比例する．

$$E_r = K\lambda(P_t)^{1/2}/d \tag{7-1}$$

ここで，K はアンテナやほかの条件などによって決まる比例定数である．受信電圧は距離 d に反比例するので距離が短いほど電圧が高い．受信電圧は波長 λ に比例するので波長が長い（周波数が低い）と電圧が高い．

　電波の伝わり方には，直接波と太地反射波がある．直接波は直接受信アンテナに到達する電波で最も良好な受信特性を示す．大地反射波は大地で反射した後に受信アンテナに入る．大地で電波は減衰し，電波の偏波面も変化する．また，上空80～400 km には電離層があり，これが電波の伝わり方に大きな影響を与える．電離層とはイオンと電子で構成された荷電粒子層で，電波を反射するが，電波の周波数によって通過するものもある．電波は途中で必ず減衰や吸収を起こすため，それによって受信状態が異なるし，天候や太陽の日照によっても変化する．

　例えば，AM ラジオの電波（周波数 0.3～3 MHz）は，放送局から発射され直接受信者側に届くものもあれば，地上80～400 km にある電離層で反射して地表に向い，地表で反射して電離層へと反射を繰り返して到達するものもある．それで障害物があっても，反射波が届くのでより遠くへ進むことができる．電離層と地表の反射を繰り返しながら，外国の電波が受信できることもある．**図7-2** の下方の長波と中波は電離層と地表との繰り返し反射で遠くの地点まで電波が受信できる様子を示している．これに対して，周波数が高い電波は，直線性が高いので電離層を突き抜けてしまう．**図7-2** では短波（HF）が 90～140 km の E 電離層は突き抜けるが，より高い 200～400 km の F 電離層で反射する様子が示されている．F 電離層を利用すれば短波でも地球の裏側からの電波が受信できることになる．さらに，超短波（VHF）や極超短波（UHF）は電離層をすべて突き抜けてしまう．

　このように電離層を突き抜けてしまう電波を地球の裏側にも届けるために赤道上空 36 000 km の静止衛星軌道に人工衛星が打ち上げられている．地球に対して静止するために地球と同じ時速 10 800 km で地球とともに回っている．上空 36 000 km の高さであれば障害物に電波が遮られず BS 放送や CS 放送などを受信

できるが，そのためには小型のパラボラアンテナとチューナーが必要である．BS放送やCS放送は地上にある放送局から静止衛星に送られるが，周波数が12 GHz前後のマイクロ波が使われているので途中で大気中の水蒸気や水滴などで減衰してしまう．そのため衛星に搭載している中継器で電波を増幅して元の振幅に戻している．それでも10 GHzを超える周波数の電波は豪雨などがあると減衰が激しく正常な受信ができないことがある．

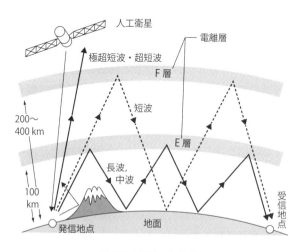

図 7-2　電波の伝わり方

> **まとめ**　電波は周波数が低いほど遠くへ届く．周波数が低い長波，中波，短波は電離層および地表との反射の繰り返しで，外国の電波の受信も可能である．極超短波やマイクロ波は周波数が大きいので電離層を突き抜けてしまうので，それらの周波数帯を利用した通信には人工衛星を使う．BS放送やCS放送では12 GHz前後の周波数が用いられる．

《 122 》

3話 アンテナはどのように働くか？

　アンテナは電波を送信したり受信したりする装置である．アンテナは用途によって送信用と受信用に分けられるが，可逆性のものは送受信兼用が可能である．ダイポールアンテナは高周波電源から左右にのびる細い金属棒からできていて，アンテナの長さが電波の波長の 1/2 になるように設計されている．電波の波長の 1/2 になると共振が起こってアンテナ上に定在波が発生するので電波を最も強く送受信できる．アンテナの長さは FM ラジオの周波数 80 MHz では約 1.9 m，携帯電話に用いられている 800 MHz では約 19 cm の長さになる．ダイポールアンテナ単体としてはアマチュア無線のアンテナや HF 帯の船舶と通信する海岸局のアンテナなどに用いられている．

　八木アンテナはダイポールアンテナの前後に電波を導く導波器と電波を反射させる反射器をつけたものである．導波器と反射器をつけることによって電波の指向性（特定の方向に対する感度）が強くなる．八木アンテナは，主として VHF テレビや FM 放送の受信アンテナとして用いられる．**図7-3** にテレビアンテナの構造を示す．アンテナから電波を発信するには高周波電流を流す必要があり，フィーダー（給電線）から供給される．**図7-3** には電波の到来方向に 3 本，逆方向に 1 本の横棒がある．アンテナの前部の短い 3 本の横棒は導波器で，入波電波のエネルギーを高めている．またアンテナ後部の長い 1 本の横棒は反射器で，アンテナを通過した電波を再びアンテナに戻すことによってアンテナの入射エネルギーを高めている．したがって，導波器や反射器の数が多いほどアンテナの能力が高くなり安定したテレビ画像を得ることができる．ただし，アンテナの素子数が多くなるほどアンテナの指向性も強くなるので，アンテナが送信方向からずれるとテレビの映りは悪くなる．

　パラボラアンテナは衛星放送の受信に使用される．とても指向性が強く方向調整が微妙だが，電波の電力を効率よく受け取ることができる．パラボラアンテナの電波受信システムを**図7-4** に示す．反射鏡は静止衛星からの電波を集め，放射器に向けて反射させている．放射器は集められた電波をコンバータに送り，コンバータは同軸ケーブル，テレビチューナなどに処理しやすい電波に変換して送っている．

　携帯電話で使用されているアンテナは伸ばしたときには 1/4 波長のホイップ（ロッド）アンテナで，収納状態では先端部にあるコイル状のヘリカルアンテナとなる．ホイップアンテナは指向性がないので電波がどこから来るかわからない携帯

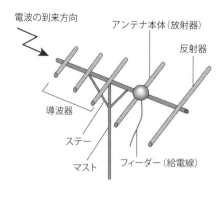
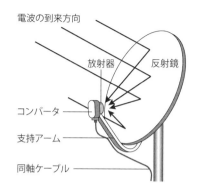

図 7-3　テレビアンテナ　　　　　図 7-4　パラボラアンテナ

電話用に向いている．ヘリカルアンテナはホイップアンテナに比べ感度がよくないので，携帯電話はアンテナを伸ばして使う．内部には受信専用の F 型アンテナが内蔵されていて，内部アンテナと外部アンテナで内部機能のコントロールを行なっている．携帯電話で使用している電波の周波数は下り 800 MHz，上り 900 MHz の場合は 1/4 アンテナなので約 9 cm 位と計算される．さらに，最近は 1.5 〜 2.5 GHz 帯と高周波帯を利用することで，より小型化が可能で内部アンテナだけのものもある．

　IC カードなどに用いられるループアンテナは基盤に導線回路を数回巻いたもので，電波の磁界の変化をキャッチする．目で見てループが一直線になる方向に電波は進む．受信アンテナも同じで，電波の磁界がループを横切るような方向に設置する．

> **まとめ**　アンテナは電波の送受信装置である．ダイポールアンテナはアンテナの長さが電波の波長の 1/2 で電波を強く送受信できる．VHF テレビなどに用いられる八木アンテナはダイポールアンテナの前後に導波器と反射器をつけたものである．衛星放送用のパラボラアンテナは電波の指向性が強い．携帯電話用のアンテナは小型になるように工夫されている．

4話 ラジオ放送の仕組みは？

　人間が聞ける音は 20Hz から 20kHz の範囲の振動数である．その振動数範囲の振動が鼓膜を震わせ，音として知覚できる．放送局でアナウンサーが話した音声はマイクを通して，音波の信号と同様な形を持った電気信号に変えられる．その電気信号を遠くにいる人に伝えるために，搬送波に乗せて放送局から送り出す．
　図 7-5 にラジオ放送の仕組みを示す．ラジオ放送で音の信号波と音を運ぶ電波の組み合わせの仕方には，振幅変調と周波数変調とがある．振幅変調（Amplitude Modulation）とは図 7-5（a）のように，電波の振幅を音の信号波に対応させて変化させる方法である．ラジオの AM は振幅変調の英語名からきている．周波数変調（Frequency Modulation）とは図 7-5（b）のように，音の信号波に合わせて，波の山と谷の間隔を粗くしたり密にしたりする．ラジオの FM は周波数変調の英語名からきている．
　放送局から送られてきた電波をラジオで受信するためには，目的の局を探さなければならない．これを同調といい，チャンネルを選ぶ操作である．局から発信される搬送波の周波数は，中波，短波，FM によって異なるが，数百 kHz ～数十 MHz におよぶ．例えば，NHK 第一は 595 kHz, NHK-FM は，82.5 MHz である．次に搬送波から，音声信号を取り出す作業を検波（復調）という．具体的にはダイオー

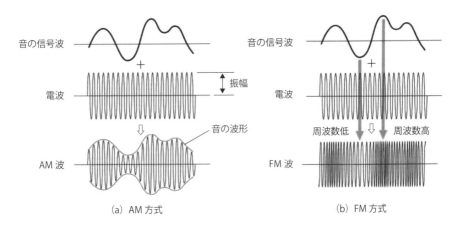

図 7-5　ラジオ放送の仕組み

第 7 章 電 波 《 125 》

ドなどで搬送波の片側の信号を削り取って，これをコンデンサーと抵抗で構成された平滑回路で元の音声信号とほぼ同じ形の信号に戻す．こういうことが可能なのは，搬送波の周波数が音声信号よりかなり高いため，平滑回路で搬送波の信号を滑らかにしても音声信号がほとんど影響を受けないことによる．放送局からの電波は非常に微弱なので，それを大きくする必要がある．これを増幅という．

　ラジオ放送は，音声信号を放送局から搬送波に乗せて送り出し，検波によって取りだした音声信号を増幅してスピーカーで再生する．現在では音質をよくするために，スーパーヘテロダイン方式をとっている．これは中間周波というものをつくりだし，それを受信電波に重ね合わせて検波，増幅する方式である．こうして増幅の際の混信や回路の発生する雑音を減らすことができ，美しい音が再現できる．

　電気信号を音に変えるのがスピーカーである．スピーカーは，コーン，可動コイル，固定磁石の三つの主要部品からできている．音声が電流信号の形で可動コイルに流れると，コイルは電磁石の働きをして固定磁石と力を及ぼし合って，コーンを振動させる（可動コイルとコーンとが接触している）．コーンはラッパのような形をして振動を増幅させている．人間が聞き取れる音の振動数は，20 Hz から 20 kHz まであるので，いろんな種類の音をきれいに発するために工夫がされている．

　AM 放送は振幅変調方式を採用しているため FM 放送に比べて音質が悪く，ほかの放送局の電波や電化製品などによるノイズの影響を受けやすい．また，障害物による影響も大きく，電波の届きにくい山間部だけでなく，建築物が密集している都市部でも難聴問題が起こっている．こうした難聴問題への対応としては，ラジオ放送の FM 化やデジタル化，インターネット放送の活用がある．

　一般的な FM ラジオ受信機として，携帯型，据置型，カセット・CD との一体型，カーオーディオが発売されている．日本製の多くの FM ラジオはテレビ音声が聴けるように 76 〜 108 MHz をカバーする製品が多数あり，FM 補完中継局の放送でも使用できる．

まとめ　ラジオ放送の音声を電波に乗せるには，電波の振幅を音波に対応させて変化させる振幅変調と音波に合わせて波の山と谷の間隔を粗密にする周波数変調とがある．電波をラジオで受信するため，同調といってチャンネルを選ぶ操作をし，搬送波から音声信号を取り出す復調を行い，信号を増幅して，スピーカーによって音声信号にする．

《 126 》

5話　テレビ放送の仕組みは？

　テレビ放送局からの音声と映像の信号を遠くにいる人に伝えるために，搬送波に乗せて放送局から発信する．テレビの受信は，同調（チャンネル選び）と検波（音声と映像の信号の取り出し）操作を行う．搬送波の周波数は，チャンネルによってUHF と SHF の周波数領域に割り当てられている．2011 年までは VHF 帯（90 ～ 220 MHz）を使った地上アナログ波が使われていたが，2012 年からは UHF 帯（470 ～ 770 MHz）を使った地上デジタル波の使用に移行している．デジタル化は，情報記録のデジタル化，伝送および記録中の劣化がない，双方向通信に対応できる，情報の圧縮化が可能などのメリットがある．

　地上デジタル放送の受信は家庭の屋根などに取り付けられている八木アンテナ（**図 7-3**）で，衛星放送（11.7 ～ 12.2 GHz）はパラボラアンテナ（**図 7-4**）で行われる．CATV は有線なのでアンテナは不要で，108 ～ 470 MHz 帯が使われる．

　テレビの受信がラジオの場合と大きく違うのは映像を映す仕組みである．テレビの受信装置はブラウン管方式が一般的であったが，その後プラズマ方式および液晶方式が現れ，現在は液晶方式が主流である．

　液晶テレビは，色を表示するために光の 3 原色である赤（R），緑（G），青（B）のカラーフィルタを用いる．バックライトから発せられた光が，**図 7-6** のように，偏光フィルタと液晶を通って適度に調光され，その通過光が RGB の各フィルタを通すことで色を作る仕組みである．液晶自体は，背後から照射されるライトを細かく遮断して，光の明るさをコントロールしているだけである．

　液晶は結晶と液体の性質を持った物質でゆるやかな規則性で並んでいるが，溝を彫った配向膜を接触させると，溝の向きに沿って並ぶ．溝の向きを 90°変えた 2枚の配向膜で液晶を挟むと，液晶分子は層内で 90°ねじれて配列する．光を通すと，光も 90°ねじれて通る．電圧をかけると分子は垂直方向に並ぶので，光は分子の並びに沿って直進する．

　光は波長 380 ～ 780 nm を持った電磁波で，垂直方向と水平方向に波を形成しながら走る．この 2 方向の光を分離することを偏光といい，そのための道具を偏光板という．垂直方向の光しか通さない偏光板に光を当てると，垂直方向以外の光はすべて遮断される．水平方向の偏光板の場合は水平方向の光だけが通過する．

　液晶ディスプレイ（LCD）は，垂直方向と水平方向の偏光板を組み合わせて配置

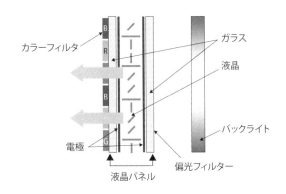

図 7-6 液晶テレビの仕組み

し，電圧を調整して光の通過量を加減する．電圧を加えなければ膜間にある液晶分子はねじれて配列するので光もねじれて偏光板を通過し，画面が白く見える．電圧をかけると液晶が真っ直ぐに並び光も液晶に沿って直進するので，垂直方向の光は通過するが，水平方向の偏光板を通過できないので，画面が黒く見える．

　液晶ディスプレイは電圧のかけ方で光の透過量を調整する．これを 1 画素として画面上にはこのような画素が何十万～何百万も敷き詰められている．色は光の 3 原色の R（赤），G（緑），B（青）のフィルタで表現する．電圧の調整による光の透過量の調整を RGB ごとで行い，それを遠くから見るとその RGB が混ざるのでいろんな色を表現できる．例えば緑のフィルタの後ろの液晶に電圧を掛けて緑が発光しないようにすると青と赤の光しか見えない．これを離れて見ると青と赤が混ざって紫に見える．黒の表現では RGB すべてに電圧を掛けることですべての光を遮断する．

> **ま と め**　　テレビの受信は地上デジタル放送と衛星放送が一般的である．液晶テレビは光を照射し，偏光フィルタ，液晶，RGB のカラーフィルタの組み合わせで色を作り出す．光が偏光フィルタと液晶を通るときに，電圧をかけて光を適度に遮断して 1 画素を作る．画素が百万もあり，1 画素ごとの RGB が混ざり合っていろいろな色が表現できる．

6話 携帯電話の仕組みは？

　携帯電話は電波を通して通話できる送受信装置である．携帯電話は加入電話を通じて全国どこでも，外国にも通話できる．携帯電話の仕組みを**図 7-7** に示す．携帯電話を持ったAさんがダイアルすると，その地区のアンテナで受信され，基地局から通常の電話回線を通じて（電話局を経由して）Bさんの電話につながる．もちろん相手の電話は，別の地区のアンテナを経由した別の携帯電話であってもよい．そのような携帯電話のシステムを構築するには，どこからかけても確実に回線がつながる必要があり，サービスエリア内に大きなアンテナを設置する必要がある．そのシステムに小ゾーン方式と大ゾーン方式とがあるが，一般には小ゾーン方式が使われている．ここでゾーンとは電波が確実に届く範囲のことで，発射電波の送信電力を小さくすればゾーンも小さくなる．この場合，同じ周波数を別のゾーンで利用することもできるので，多数のチャンネル（周波数）を確保することができる．携帯電話は一つのサービスエリア（通話範囲）が多数のゾーンからできているので，携帯電話の（自動車などによる）移動に伴ってゾーン切り替えが行われている．

　携帯電話で利用されている周波数帯は，800 MHz，1.5～2.5 GHz である．周波数が低いと基地局がカバーする範囲が広くなる．逆に周波数が高いと，数多くの周波数が利用できアンテナ回路が短くて済むが，障害物に弱く電波の直進性も増し，建物の影などに回り込めなくなり，基地局がカバーする範囲が狭くなる．

　台風のときに，有線電話だけでなく携帯電話まで不通になったことが報道された．橋が流されて光ファイバーケーブルが損傷を受けて電話が不通になり，停電により各地区にある基地局のアンテナに電力が送れなくなり携帯電話が通じなくなること

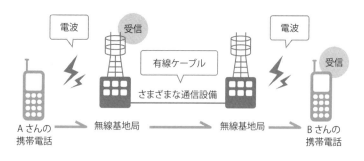

図 7-7　携帯電話の仕組み

がある．

　携帯電話の内部機能を**図7-8**に示す．携帯電話の通信周波数帯が決っているために，水晶発振器で基準周波数を決めている．マイクの音声の電気信号は，電波にのせるため，例えば800 MHzの高周波に変調して周波数フィルタと増幅器を経由してアンテナから発信される．受信系ではアンテナから受けた信号を増幅器で増幅し，受信ミキサーで周波数変換をした後，復調し（音声の周波数に戻す），スピーカーから音声を発生する．特定周波数以外の成分が混入すると雑音が入るので，周波数フィルタで望ましくない周波数成分を除いている．携帯電話の送受話器としての性能は，ノイズが少なく，小型軽量であることが重要である．リチウムイオン二次電池，水晶発振器，アンテナ，マイク，スピーカー，周波数フィルタ，電子基板などの部品の小型軽量化と性能向上が著しい．

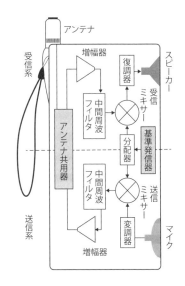

図7-8 携帯電話の内部機能

　近年，通話機能だけでなくデータ通信機能を持ったスマートフォンが急速に普及している．データ通信機能はパソコンと同じようにインターネットを利用できるし，人工衛星からの電波を使ったGPS位置情報も利用できる．それらを使ったいろいろなアプリケーションが利用可能である．

㋮㋯㋰　携帯電話でダイアルすると，その地区の基地局のアンテナで受信され，通常の電話回線を通じて相手の固定電話や別の基地局を経由して相手の携帯電話につながる．携帯電話通信は多数の通話ゾーンからできているので自動車などによる移動に伴ってゾーン切り替えが行われている．携帯電話の利用周波数帯は800 MHz，1.5〜2.5 GHzである．

7話　レーダーの仕組みは？

レーダー（radar, Radio Detecting and Ranging）は電波を発射し，その反射波をとらえることにより，海上の他船などの情報を得ることができる．レーダーには船舶用，気象レーダー，航空機管制用のレーダーなどがある．

レーダーには波長が極めて短いマイクロ波（周波数 3 ～ 30 GHz）が使用されている．図 7-9 にレーダーの基本動作の仕組みを示す．現在使われているのはすべてパルスレーダーで，電波を一瞬だけ発信し，反射波を解析する．例えばパルス幅 0.8 μs のパルスを 1.19 ms の間隔で繰り返し発射する．パルス幅とパルス間隔の関係は図 7-11 に示したものと同様である．パルスの送信は電子レンジの発振器と同じマグネトロンが用いられるが，ごくわずかな時間であるため，送信と受信の両方に同じアンテナを共用できる．ただし送信パルスのほうが受信パルスよりもはるかに電力が大きいことから，パルスが送信されている間送受アンテナ共用器などには保護するための対策がとられている．なおパルス繰返し周期が短いと，はるか遠方にある目標からのエコーパルスは次のパルスを送信した後に受信されることになってしまい，目標との距離を実際よりも短く誤認してしまうことがある．パルスの幅や繰り返し周期は探知したい距離によって決める．

反射波が返ってくるまでの時間 T を測ると，物標までの距離は光速を c とすれば cT/2 と計算される．方向は指向性の強いアンテナを使えば知ることができる．船舶用のレーダーには全周を回転するアンテナを用いる．物標からの反射信号はアンテナでキャッチされるが非常に微弱なので，専用アンプで十分増幅した後，ビ

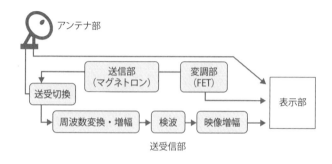

図 7-9　レーダーの基本動作

デオ検波し，ディスプレイで映像として表示する．表示器としてはPPIスコープ（**図7-10**）が最も一般的に用いられる．レーダーの位置を起点として，アンテナビームの回転に同期させて放射状に掃引を行って，受信した信号を表示する．レーダーの位置を中心として目標が鳥瞰的に表示されることから，直感的にわかりやすい．

レーダー電波は地表を伝わっていくが，わずかにわん曲する性質を持っている．それは電波の大気による屈折率が気圧が高いほど水蒸気圧が高いほど大きくなるからである．標準的な大気では地上付近の屈折率が大きいため上に凸の形になる．それで，

図7-10 レーダー表示（PPIスコープ）の一例

通常の条件では電波の見通し距離は光学的に比べて約6％長くなるとされている．例えば，自船のアンテナの高さが16 mで，物標の高さが9 mとすれば，レーダー見通し距離は約24 kmとなる．

レーダーは軍事用に開発が進んだ経緯がある．太平洋戦争中の海戦ではレーダーの性能が勝敗を分ける要因の一つとなった．旧日本海軍の本格的なレーダー研究は1941年5月からで実戦用にはまだ不便なものであったが，連合軍は既に現在のPPIスコープに近いものを装備していた．現在の戦闘機ではF-117やB-2などは特徴的な形状をしているが，これはレーダーを乱反射させ，電波を相手の方向以外に逃がして探知を防いでいる．ステルス戦闘機は電波吸収体を機体表面に貼り付けて電波を吸収して相手からの探知を防いでいる．

まとめ　レーダーはマイクロ波電波を発射しその反射波から目標物の情報を得ることができる．レーダーはμs程度の幅のパルス波を繰り返し発射し，反射波を増幅，検波して表示器に目標物を表示する．表示器はレーダーの位置を起点として，アンテナビームが360°回転するのに同期させて放射状に掃引して受信した目標物を表示する．

8話 気象レーダーの仕組みは？

気象レーダーは，アンテナを回転させながら電波を発射し，半径数百 km の範囲内に存在する雨や雪を観測する．反射波の時間から雨や雪までの距離を測り，反射波の強さから雨や雪の強さを観測する．

気象レーダーの送信パルス波は**図 7-11** に示す．気象レーダーの送信はマグネトロンによって行われる．電子レンジ用にもマグネトロン発振器が使われるが，電子レンジは連続波，レーダーはパルス波である．電子レンジの出力は 600 W 程度だが気象レーダーの出力は 300 kW 程度のものが多い．これは，レーダーの出力が大きくないと電波が遠くまで届かないからである．気象庁の気象レーダーの送信電波の周波数は 5.3 GHz（波長 5.7 cm）で，パルス幅が 2.5 μm，パルス間隔が 3.85 ms である．

気象レーダーのアンテナは直径数 m のパラボラアンテナである．電波は 1 ～ 2°の狭い角度範囲に集中して発射される．パラボラアンテナを回転させながら電波をパルス的に繰り返し発射し反射波（エコー）を測定し，数百 km の範囲内にある雨や雪などの方向と距離がわかる．このエコーの方向と距離をレーダー位置を中心として PPI スコープで表示する．PPI スコープではエコーの強度を画面の明るさで表示する．エコーの強度を定量的に表示したい場合は，アンテナを一方向に固定し，繰り返しパルスを発射して雨によるエコー強度を縦軸に，距離を横軸にして表示する．

1971 年には日本各地に波長 5.7 cm の気象レーダーが設置され，日本全土をカバーするレーダー網ができあがった．地球が丸いため地面に平行に電波を発射しても 200 ～ 300 km 程度でレーダービームがそれて観測できない．そのため 1964 年に富士山レーダーが設置され，仰角 -1.7°で電波を発射すると 600 km 程度まで

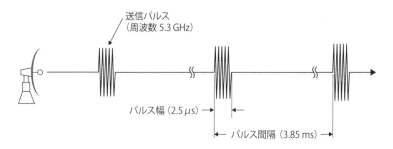

図 7-11 気象レーダーの送信パルス波

第 7 章　電　波　《 133 》

観測範囲が広がり台風の観測などに生かされた．ところが，1977 年に静止気象衛星ひまわりが打ち上げられると，台風観測の役割は次第に衛星に移り，富士山レーダーは 1999 年に気象業務から引退した．

　気象レーダーでは波長 5.7 cm のマイクロ波を発射して雨や雪による反射（散乱）波をとらえる．雨粒の直径は最大でも 8 mm でレーダーの波長よりも短いので電波は雨粒によってレイリー散乱される．レイリー散乱の強度は水滴の直径の 6 乗に比例するので，直径 0.1 mm 程度の霧雨は非常に感度が悪く，雲粒は直径 0.01 mm 程度なので検出不可能である．サイズの大きいひょうなどは感度よく観測できる．レーダービームは雨粒によって多少は散乱されるが，大部分はこれを突き抜けて，さらに遠くにある目標物（雨粒など）を観測できる．

　気象レーダーの観測では，アンテナの仰角を 0 ～ 30°まで少しつづ 19 段階で観測して大気中の降水粒子の分布を立体的に把握している．そのような観測データからエコー強度を全国で 1 km のメッシュでデジタル化している．気象レーダーで雨量を測定するために，レーダーの散乱因子 Z と降水量 R との間に経験的な式，$Z = 200 R^{1.6}$ を仮定して決定している．雪やあられの場合はエコーの強度はかなり小さくなるし，霧雨の場合はさらに小さくなる．また，にわか雨の場合は，一般に粒径が大きく予測より大きな強度となる．しかし，これらを理論的に補正することはできない．そのため，全国に 1 300 か所設置されているアメダスで実際に降った雨量計のデータを用いてレーダー雨量係数をその地域に設定し，雨量を算出する．降水域は突如出現するものではなくある程度の持続性がある．1 時間ごとの雨量データとレーダーで観測された降水域をその速度で移動すれば今後の雨量を予測することができる．

　気象レーダーの PPI 画像は気象衛星の画像と同じように見える．しかし，レーダー観測による画像は降水粒子のみをとらえており，大気中の降水粒子の三次元的な分布を反映している．気象衛星の画像は雲から反射された可視光線や赤外線によるもので，雲の表面だけを観測するものである．

　ま と め　気象レーダーはアンテナを回転させながら電波を発射し発射波の強さから雨や雪の強さを観測する．アメダスの雨量計のデータを用いてレーダー雨量係数を決定して，レーダーの発射波の強さのデータから雨量を算出することができる．1 時間ごとの雨量データとレーダーで観測された降水域のデータから今後の雨量を予測することができる．

《 134 》

9話　盗聴の仕組みは？

　盗聴とは何らかの機器を使って，普通では聞くことができない他人の会話などを盗み聞きすることである．多いのは電波を使った盗聴で，電波式盗聴器を部屋などに仕掛け，そこから発せられた電波を離れたところから受信して会話の内容を聞く．受信機を使って単に飛び交っている電波を聞くのは，盗聴ではなく傍受である．

　盗聴器設置の主な目的は，証拠収集，監視・確認・ストーキングで，興味本位の設置もある．盗聴器使用者の半数は興信所や探偵社などで，残りは一般の人々である．興信所や探偵などのプロは証拠収集の調査のために，調査対象者の家や会社に仕掛ける．本格的な盗聴器が使用され，設置に関しては発覚しないような工夫が見られる．会社の給湯室付近に従業員を監視するため仕掛けたり，子どものいじめを心配した親が子どもの行動を監視するため部屋に取り付けるケースや，詐欺などのトラブルに巻き込まれた人が証拠を得るために行うケースもある．

　盗聴には市販の電波式盗聴器が多く使われる．最も多いのが電波を使う無線式の盗聴器である．有線式の盗聴器もあるが，ここでは触れない．小型のテープレコーダのようなものを仕掛け，周辺の音声を電波で送信するやり方で，離れた場所の受信機でその電波を受信する．形状は偽装タイプがほとんどを占め，時計やぬいぐるみ，壁の内部や天井のすき間部分，二叉・三叉コンセントの内部や電灯内部のクローランプに偽装したものまで多くの種類がある．コンクリート・マイクの例を**図7-12**に示す．(b) のピックアップマイクの部分を壁に押し当て，(a) の本体の部分は目立たない場所に置く．他には携帯電話を 2 台使うやり方があり，双方の電話を通話状態にセットし片方の電話機を盗聴したい部屋に隠せば，もう一台の電話機でその室内の音声を聞くことができる．

　VOX 式盗聴器は音声が出ているときだけ，電波を発射するタイプの盗聴器である．音に反応する VOX 回路が内蔵されている．常に電波が出ていないので，第三者に傍受される可能性が少ない．市販されている電波式発信機の出力は，弱いもので 4〜5 mW，平均で 20 mW である．盗聴波の飛距離は，出力，設置場所，周囲の環境などに大きく左右される．飛距離は 4〜5 mW タイプのものでは 100 m 以下が多い．20 mW 程度のものは簡単に扱え，電波がある程度の距離まで飛ぶので，受信も容易である．例えば，娘の行動を監視するために父親が娘の部屋に仕掛けるという場合は，入手しやすい 20 mW 程度のタイプがよく使われる．電波式発信機

 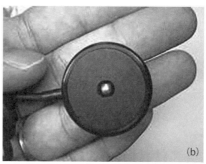

図 7-12　コンクリート・マイク（a）とピックアップマイク部分（b）
　　　　［出典：(有) ペガサスホームページ］

は，一般家庭に仕掛けられるものもあれば風俗街，ホテル街，ビジネス街で発見という汎用盗聴器である．しかも，広帯域受信機が1台あればだれにでも受信できることから，盗聴器を仕掛けた相手以外にも受信される可能性もある．

　市販されている電波式発信機のほとんどが同じ周波数を使っているため，便乗盗聴の可能性がある．ほかの部屋にいる赤ちゃんの様子を確認するために使う無線機で，赤ちゃんの声が聞こえるかどうかで様子を確認する．常に電波が送信状態になっているので第三者による傍受ができ，結果として盗聴器として機能してしまうことがある．コードレスホンは親機と子機の間のやり取りを電波で行っていることから，第三者による傍受が可能である．380.2125 MHz と 253.8625 〜 254.9625 MHz の周波数が使われているが，本人が気づかずに電波を垂れ流している状態で，結果として盗聴器として機能してしまうことがある．

まとめ　　盗聴とは機器を使って他人の会話などを盗み聞きすることである．市販の電波式盗聴器が多く使われ，小型のテープレコーダのようなものを仕掛け，周辺の音声を電波で送信し離れた場所で受信する．時計やぬいぐるみ，壁の内部や天井のすき間部分，コンセントや電灯内部に隠して設置する場合が多い．

10話　電子レンジの仕組みは？

　電子レンジは電波の電界成分を利用した加熱装置で，飲食物に含まれる水分子を高周波で振動させて加熱する．

　電子レンジに内蔵されているマグネトロン（真空管）により，2.45 GHz のマイクロ波を発生させる．2.45 GHz の高周波によって水分子が同じ回数振動する．このマイクロ波は金属体を反射し，プラスチックやガラスを透過する性質があるので，反射・透過を繰り返し，食品に含まれる水分子を振動させて発熱する．

　マグネトロンの構造は二極真空管の上下に永久磁石を取り付けた構造である．磁場がゼロの場合は，電子は陽極に向かって直進するが，磁場を大きくして行くと電子は円運動をする．ある程度以上磁場を大きくすると電子は陽極に行き着けなくなり，突然陽極電流が流れなくなる．その際，陽極電流に不安定振動が生じ，この振動を陽極側に設けた空洞で共振させ，安定にマイクロ波を取り出すものがマグネトロンである．

　電子レンジの構造を**図 7-13** に示す．マグネトロンで発生したマイクロ波は導波管を経て直接または反射して電子レンジ内のターンテーブルに集中するようになっている．マグネトロンでは熱損失があるので温度上昇を避けるためにファンを回す．出力は家庭用で 500 〜 700 W 程度，業務用では 1 500 〜 3 000 W 程度である．

　水分子はややプラスの電気を帯びた水素原子とややマイナスの電気を帯びた酸素

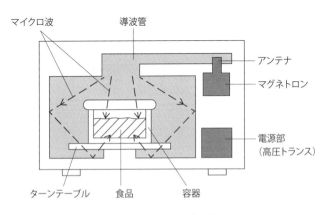

図 7-13　電子レンジの構造

原子からなっている．2.45 GHz の高周波は，1 秒間に 24 億 5 000 万回電界のプラスとマイナスが入れ替わるので，水分子の向きが同じ回数入れ替わる運動（振動）を繰り返す．その運動のためにマイクロ波のエネルギーが水分子に吸収されて温度が上がる．食品中には必ず水が含まれているので電子レンジが調理に使われる．タンパク質やデンプンなどは分子が大き過ぎて電界の変化に十分追随できず，末端基だけが運動するだけである．食品中にはイオン性の物質もあるが，イオン性があり過ぎると導体に近くなり却って加熱されなくなる．

電子レンジでは電波を吸収しやすいものが発熱する．誘電損失係数が大きい物質が電波を吸収しやすい．水の誘電損失係数が 5 ～ 15 と大きいが，テフロン，ポリエチレン，ポリプロピレン，石英，磁器などは 0.005 以下で，これらは加熱されないので容器やラップとして使える．また氷の誘電損失係数も同程度と小さい．これは固体になることで，結合が強くなり分子のマイクロ波による運動が制限されるためである．また，マイクロ波の浸透深さの程度として電力半減深度という指標が使われる．水の場合はそれが 1 ～ 4 cm で，食塩だと 0.5 ～ 1 cm である．ガラスのコップのみだとマイクロ波は通過するが，水が入ると吸収されて発熱し，食塩水が入るとガラス表面近くが発熱し冷たいところが残る．

電子レンジで加熱する場合，通常は容器にラップをかける．食品を加熱して発生する水蒸気を副次的に利用し，水分の蒸発による食材のパサつきを抑えることができる．逆に，水分量が多いとふやけてしまうような食材（パンや揚げ物など）はラップをかけないで，食品の下にクッキングシートを敷いて結露した水によって食品をふやかさせない工夫も行なわれる．

電子レンジはマイクロ波が直接食品を加熱するので，省エネであるばかりでなく，短時間で調理できることも大きな魅力である．電子レンジの普及には調理済み食品や冷凍食品が増えたことが大いに寄与した．電子レンジ専用食品が登場し，容器ごと電子レンジで加熱して食べるような使い方が増えた．

（ま）（と）（め）　電子レンジは内蔵されているマグネトロンによりマイクロ波を発生させて，飲食物に含まれる水分子を加熱する．2.45GHz のマイクロ波では電界のプラスとマイナスが高速に入れ替わるのにつれて水分子の向きが入れ替わる運動を繰り返す．そのためにマイクロ波のエネルギーが吸収されて食品の加熱ができる．

コラム

電波時計

　日本の標準時 JST は情報通信機構が 12 台の原子時計を運用し，これらから合成している．各国で定めた時刻のデータは，GPS などを利用してパリにある国際度量衡局 BIPM に集められる．各国の時刻比較を行い原子時 TAI と協定世界時 UTC を決定して各国の時刻の偏差を明らかにしている．したがって，各国の時計に狂いはない．

　地球の自転の速度は潮汐などの影響を受けて変化する．自転と公転に基づく世界時（UT）と UTC にはずれが生ずる．その差が 0.9 秒を超すとこれを補正するため 1 秒を挿入する．1972 年以降「うるう秒」が 22 回挿入され，23 回目のうるう秒が 2006 年 1 月 1 日 9 時に挿入された．

　時計売り場には，掛け時計，置き時計，腕時計に電波時計が多くなった．これは，1999 年 6 月から標準電波 JJY が福島県おおたかどや山で 40 kHz の送信を，2001 年 10 月から佐賀県はがね山で 60 kHz の送信を始め，全国で利用できるようになったためである．電波時計が標準電波で自動的に時刻を合わせられるようになって正確な時計が定着するようになった．40 ～ 60 kHz の長波の JJY では，時，分，日，曜日，うるう秒，秒などの情報が 60 秒周期でパルス波として送られている．

　電波腕時計の受信には特定の共振周波数で作動する LC 共振器が使われる．これは微細なチップコンデンサとコイルからできている．コイルの部分は円柱状のフェライト（磁性材料）に極細のエナメル線が巻かれている．JJY から届く電波を受信すると，電波の磁気エネルギーをコイルが受け取って時刻などの信号を受信できる．ここで，エナメル線が磁性材料であるフェライトの芯に巻かれているのは磁界の変化を増幅してとらえるためである．この方式は，交流の磁界すなわち電波（電磁波）の磁界をファラデーの電磁誘導で検出する．それで，この方式は磁界検出型アンテナと呼ばれている．

　一方，福島県と佐賀県にある送信アンテナは，地上高さ 200 ～ 250 m の傘形で，50 kW の出力で送信している．

第 8 章

赤 外 線

赤外線は赤色光よりも波長が長く，電波よりも波長が短い 0.78 μm ～ 1 mm の波長の電磁波（光）である．近赤外線は見えない光として，赤外線カメラ，家庭用リモコンなどに使われている．中赤外線は赤外分光に，遠赤外線はレーザー治療や放射温度計などに使われている．この章では，赤外線カメラ，赤外線通信，赤外線レーザー，放射温度計，赤外線サーモグラフィーの仕組みについても紹介する．

1話　赤外線とは？

　赤外線は赤色光よりも波長が長く，電波よりも波長の短い電磁波で，0.78 μm 〜 1 mm の波長ものをいう．1800 年イギリスのハーシェルが赤外線放射を発見した．彼は太陽光をプリズムに透過させ，可視光のスペクトルの赤色光を超えた位置に温度計を置くと温度が上昇することから，赤色光の先にも目に見えない光が存在すると考えた．1850 年にはイタリアのメローニが，赤外線には反射，屈折，偏光，干渉，回折がみられ，その性質は可視光と同じであることを実験によって示した．

　赤外線は，**図 8-1** に示すように，波長によって近赤外線，中赤外線，遠赤外線に分けられるが，波長区分は学会によって若干異なる．ここでは，近赤外線は 0.78 〜 1.5 μm，中赤外線は 1.5 〜 4 μm，遠赤外線は 4 〜 1 000 μm の波長と分類する．近赤外線は波長が 0.78 〜 1.5 μm の電磁波で，「見えない光」として，赤外線カメラ，赤外線通信，家電用のリモコンなどに利用されている．赤外線は可視光に比べて波長が長いため散乱しにくい性質を利用して，煙や薄い布などを透過して物体を撮影できる．また，夜間に被写体を近赤外線光源で照らしても被写体に気づかれることなく撮影ができる．警備・防衛用途や，野生動物の観察・研究用途に用いられている．静脈血内のヘモグロビンが近赤外光を強く吸収する性質を利用して静脈認証に用いられている．

　中赤外線は，波長が 1.5 〜 4 μm の電磁波である．赤外分光法（IR 法）では，分子内部や固体，液体の振動状態を通じて物質の構造に関する知見を得ることができ

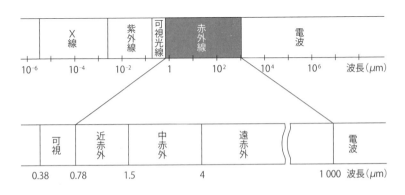

図 8-1　赤外線の分類

る．特に，波数が $1\,300 \sim 650\ \mathrm{cm^{-1}}$ の領域は指紋領域と呼ばれ，物質固有の吸収スペクトルが現れるため，化学物質の同定に用いられる．

　遠赤外線は，波長が $4 \sim 1\,000\ \mu\mathrm{m}$ の電磁波で，電波に近い性質を持つ．自動ドアや自動照明などの人体検知器として遠赤外線センサが用いられている．また，遠赤外線は室温の物体が放射する波長（$8 \sim 12\ \mu\mathrm{m}$ 程度）を含むことから，調理や暖房などの加熱に利用される．

　レーザー治療では，中赤外線および遠赤外線を用いて手術が行われている．水に対する吸光度は中赤外線および遠赤外線領域で高いので，生体組織（特に水分を多く含んだ組織）では浅い部分で赤外線の多くが吸収される．レーザー光による熱で血管が収縮するので，血が出ないのが特長である．炭酸ガスレーザ（$\lambda : 10.6\ \mu\mathrm{m}$）や Er：YAG レーザ（$\lambda : 2.94\ \mu\mathrm{m}$）は生体組織の切開や蒸散に利用されている．吸収係数が大きい波長の光は，表面近くで吸収されるので，一瞬にして生体は蒸気，煙となり，切開，切除される．

　放射温度計は，物体から放射される赤外線や可視光線の強度を測定して，物体の温度を測定する温度計である．赤外線や可視光線の強度は温度が高くなるにつれ増加するので，その放射エネルギー量を検知することで温度を知ることができる．ただし，物体の表面状態によって放射エネルギー量が変わるので，普通は放射率の補正をする必要がある．

　赤外線サーモグラフィは，対象物から出ている赤外線放射エネルギーを非接触で検出し，見かけの温度に変換して，温度分布を画像表示する装置である．サーモグラフィでは，赤外線放射量は絶対温度の 4 乗に比例して増えるため，対象の温度変化を赤外線量の変化として可視化する．赤外線サーモグラフィは，広い範囲の表面温度の分布を相対的に比較でき，動いているもの，危険で近づけないもの，微小物体，温度変化の激しいもの，短時間の現象，食品，薬品，化学製品などでも衛生的に温度計測できる．医療用の応用としては，体表面の皮膚温度分布を測定し，それを色分布などで画像化して病気の診断に用いられる．

　㋮㋣㋱　赤外線は波長が $0.78\ \mu\mathrm{m} \sim 1\ \mathrm{mm}$ の電磁波で，目に見えないがその性質は可視光と同様である．赤外線カメラ，赤外線通信，家電用のリモコン，レーザー治療などに利用されている．放射温度計は，物体から放射される赤外線や可視光線の強度を測定して，物体の温度を測定する．

《142》

2話 赤外線カメラの仕組みは？

　赤外線カメラは，近赤外線に感光する赤外線フィルムやセンサなどを用いることで，肉眼で見える像とは異なる映像を撮影することができる．例えば，赤外線は見えないため，夜間に被写体を近赤外線光源で照らしても被写体に気付かれずに撮影することができる．夜行性の野生動物の撮影や，防犯用途として相手を刺激せずに撮影することができる．近年の世界的な治安悪化で，近赤外線まで感度分布を持つCCDと赤外線LED照明を使用した監視カメラが，街中の監視カメラや各種料金所ゲートのカメラ，家庭用のドアホンまで幅広く利用されている．100 m 先の物体を照らすことのできる赤外線光源もある．軍事用の暗視スコープでも，ライトや星から放たれるわずかな可視光線や近赤外線を増幅して明瞭な画像を得ている．赤外線フィルムや大半の撮像素子はモノクロカメラと同様に異なる波長に対応していないので，通常は近赤外線カメラから得られる画像はモノクロ画像である．1画素には赤外線強度に応じたグレイスケールで表示され，縦横それぞれ256画素であれば 256×256 画素の表示となる．

　防犯対策に使用する赤外線センサは，アクティブセンサとパッシブセンサに分けられる．アクティブセンサは近赤外線ビームを発射して物体から散乱される赤外線を検出して撮影する．防犯カメラとしては，防犯用としてドアの前・駐車場の前などに設置され，近づく人間や車などを感知したらライトを点灯させて撮影する．パッシブセンサは物体から赤外線を感知する受動型センサで，遠赤外線を利用している．主として，人体の検出などに利用されている．防犯カメラとしては，天井や壁などに設置し，室内に人が入ってきたときなどパッシブセンサが人体を感知したらカメラを起動させ撮影する．

　赤外光は可視光に比べて散乱されにくいので，煙や薄い布などを透過して向こう側の物体を撮影することができる．この特長を悪用して水着を透かす盗撮行為が横行したため，赤外線に透けない素材を売りにした水着も販売されている．

　赤外線センサには量子型（冷却型）と熱型（非冷却型）とがある．量子型は，光エネルギーによって起こる電気現象を検知するものである．一般的なデジタルカメラなどに用いられているCCDイメージセンサやCMOSイメージセンサなどと同様で，光子がPN接合に入射したときに生じる電荷を検出することで撮像する．テルル化カドミウム水銀（HgCdTe）やアンチモン化インジウム（InSb）などの素子

を用いる．検出感度が高く，応答速度に優れ，熱型に比べて 100 〜 1 000 倍の検出能力を持つ．**図 8-2** に量子型の赤外線カメラの一例を示す．(a) は全体像，(b) は内部構造で，センサを冷やす冷却装置が付いている．

　熱型センサは，赤外線を受光して熱によってセンサが温められ，素子温度が上昇することで生じる電気的性質の変化を検知するものである．量子型に比べて感度，応答速度は低いが，波長帯域が広く常温で使えるのが特徴である．熱電効果を利用した熱電素子（サーモパイルなど），焦電効果を利用した焦電素子（PZT など），温度による電気抵抗の変化を利用したボロメータなどがある．常温で使用でき，冷却措置が要らないので小型，軽量化できるが，素子の熱容量の影響を受けるため，解像度や画質は冷却型と比較した場合に劣る．熱型センサによる撮像素子の場合，熱源と背景の赤外線の放射量の差がなければ何も映らない．

　デジタルカメラを用いて赤外線カメラとして撮像する場合は，可視光を遮断する赤外線フィルタを通して用いる．赤外線は可視光と比べてガラスに対する屈折率も小さいため，撮影の際には焦点距離を大きく取る必要がある．そのため，一部のレンズには通常の光で焦点を合わせた後，赤外線でピントを合わせるための目印を付けたものもある．

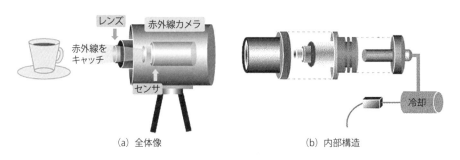

図 8-2　赤外線カメラ［出典：富士通研究所ホームページ］

ま と め　赤外線カメラは夜行性の野生動物や防犯用途に近赤外線で照らしても被写体に気付かれずに撮影できる．赤外線センサは近赤外線ビームを発射して物体から散乱される赤外線を検出するタイプと人体から出ている遠赤外線を検出するタイプとがある．赤外線センサには感度が高い量子型（冷却型）と小型で簡便に測定できる熱型とがある．

《 144 》

3 話 赤外線通信とは？

　赤外線通信は携帯電話の赤外線メールアドレス交換や，デジタルカメラの赤外線プリントなどに使われているユビキタス通信である．ユビキタス通信とはいつでもどこでも意識せずに通信することで，赤外線だけでなく電波も使われる．携帯電話の赤外線通信機能を使ったデータ交換は，女子高校生や主婦たちの中でもごく当たり前に使われている．

　お互いの携帯端末にある赤外線通信ポートを向かい合わせ片方が赤外線送信，もう片方が赤外線受信とすれば，ほんの数秒で文章や写真のデータを転送できる．携帯の横に 1cm ぐらいの黒い窓が光を出す場所と受けとる場所が一つずつある．赤外線通信は光れば「1」，光らなければ「0」と決めて，1 秒間に 200 万回くらい点滅させて 2 進法のデータを送っている．間違いなくデータを送れるほどに赤外線が届く距離は 20cm ぐらいで，光が広がる角度を 30°にしているので近づけても黒窓から見て真横や後ろだと受信できない．1 対 1 の通信で，知られたくない人に届く心配はない．赤外線通信は通信をしているが，携帯電話の回線を使っていないので，通信料も無料である．携帯電話を買い換え，今まで使っていた端末に保存されている情報を転送したいときも同じように赤外線通信が使える．家庭用プリンターなどに携帯で撮った写真を送って印刷という使い方もある．

　赤外線通信を支える技術は日本ローカルな規格ではなく，国際標準である IrDA 規格に基づく通信手順に従って携帯電話やデジタルカメラなどに実装されている．最初のころはメーカー独自の仕様で，同じ機種同士でしかデータをやり取りできなかったが，最近では携帯で扱う各種データが統一されつつあるため，違うメーカーの端末間でもやり取りできるデータが増えている．でも赤外線通信を携帯に使っているのは日本だけで，外国の会社が作った携帯にはほとんどこの機能はついていない．

　外出先でお客さんに渡す書類を忘れてしまった，そんな場合はスマートフォンの中にデータがあればコンビニの複合機がプリンター代わりになる．セブンイレブンのマルチコピー機を使用すればプリントができる．マルチコピー機でメディアを選択し，赤外線 IrDA を選択し，スマホでファイルを送信する用意をし，送信状態にしてスマホの赤外線ポート部分をかざし，ほかに送信するファイルがなければ送信完了を押せばプリントできる．

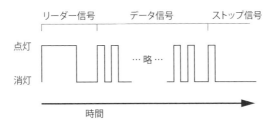

図 8-3　赤外線リモコンにおける PPM 制御信号の一例

　テレビなどのリモコンには赤外線通信が使われてきている．通信の方法はリモコンと本体機器との間で PPM 信号を使って情報をやりとりする．PPM とはパルス位相変調信号の略で，赤外線の点灯時間と消灯時間の長さの組み合わせでビット値を表現する．PPM 制御信号の一例（NEC フォーマット）を図 8-3 に示す．このフォーマットでは，PPM 信号にリーダー信号・ストップ信号が付加された制御信号である．データ信号は消灯時間の長さで 0／1 を判定する方式を採用している．リーダー信号はリモコンの信号の始まり，データ信号は制御コードを PPM 信号で送信し，ストップ信号は，リモコンの信号が終了することを示す．

　リモコンはテレビや BD レコーダーなどの AV 機器，エアコンなどの家電製品，電子機器，玩具などの一般家庭用機器を中心に，幅広い機械・機器の操作に用いられている．家電製品の多くは NEC フォーマットの PPM 信号方式を採用しているが，SONY フォーマットはもっぱらソニー製品に使用されている．近年は照明器具の明るさの細かいコントロール，カメラの撮影時の手ぶれや画角のズレ防止，電動式ガレージ扉の開閉などの用途にリモコンが使われている．

ま と め　赤外線通信は携帯電話の赤外線情報交換，デジタルカメラの赤外線プリントなどに使われている．お互いの携帯端末にある赤外線通信ポートを向かい合わせ片方が赤外線送信，もう片方が受信にすれば，ほんの数秒で文章や写真のデータを転送できる．テレビ，AV 機器，エアコン，電子機器，玩具などに用いられているリモコンも赤外線通信である．

4話 赤外線レーザーとは？

　レーザー光は指向性や収束性に優れた光で，発生する電磁波の波長を一定に保つことができる．レーザー光は赤外，可視，紫外領域の波長のものがある．赤外線レーザーは波長が 780 nm から 1 mm の光を増幅するレーザー装置から発射される．レーザー光は光を増幅し，コヒーレントな（単一波長で位相のそろった）光を発生させる人工的な光である．

　レーザー発振器は，キャビティ（光共振器）と，その中に設置された媒質，および媒質をポンピング（エネルギー準位の高い状態に）する装置からできている．キャビティは典型的には，2 枚の鏡が向かい合った構造である．波長がキャビティ長さの整数分の一となるような光は，キャビティ内をくり返し往復し，定常波を形成する．このとき，放出される光が入射した光よりも多ければ光が増幅される．ポンピングにより，吸収よりも誘導放出のほうが多い状態を形成し，キャビティ内の光は媒質を通過するたびに誘導放出により増幅される．キャビティを形成する鏡のうち一枚を半透鏡にしておけば，一部の光を外部に取り出せ，レーザー光が得られる．外部に取り出したり，キャビティ内での吸収・散乱等でキャビティ内から失われる光量と，誘導放出により増加する光量とが釣り合っていれば，レーザー光はキャビティから継続的に発振される．

　レーザー光は単一波長で位相のそろったコヒーレンスの性質を持っている．レーザー光はその高い空間的コヒーレンスのため，ほぼ完全な平面波や球面波を作ることができる．このためレーザー光は長距離を拡散せずに伝播したり，非常に小さなスポットに収束したりすることができる．レーザーは，ナトリウムランプなどよりもはるかに良い単色性を示す．単色性が良いということは，非常に狭い波長範囲の中にエネルギーが集中しているので，波長当たりの出力が極めて高くなり，レーザーの輝度が非常に高くなる．

　媒質が固体であるものを固体レーザーという．通常，結晶を構成する原子の一部がほかの元素に置き換わった構造を持つ人工結晶が用いられ，代表的なものにクロムを添加したルビー結晶によるルビーレーザーや，YAG（イットリウム・アルミニウム・ガーネット）結晶中のイットリウムをほかの希土類元素で置換した種々の YAG レーザーがある．ネオジム添加 YAG を用いた Nd:YAG レーザーは波長が 1 064 nm の赤外線を発する．主としてマーキング用途に使われる．液体レーザー

は媒体が液体のレーザーで，色素分子を有機溶媒に溶かした色素レーザーがよく利用されている．色素レーザーの利点は使用する色素や共振器の調節によって発振波長（330 ～ 1 300 nm）を自由に，連続的に選択できることである．レーザー光により励起された色素は，蛍光を発する．

ガスレーザーは媒体が気体のもので，赤外線領域のものには波長が 10.6 μm の炭酸ガスレーザーがある．炭酸ガスレーザーの特長は出力が 1 ～ 30 kW と大きいことで，主に加工機，マーキング，レーザーメスの用途で使用される．

赤外線レーザーの指向性，収束性，単一波長，そろった位相などの特長を生かして，加工用途，レーザー通信，医療用レーザーメスなど幅広い分野で利用されている．赤外線レーザーを用いた溶着では，レーザー光を透過する樹脂とレーザー光を吸収する樹脂の溶着が行われている．図8-4に赤外線レーザー溶着の概要を示すように，照射されたレーザー光は光透過性樹脂を透過した後，光吸収性樹脂との境界面において発熱・溶融を起こし，加圧力を制御することで溶着を行う．

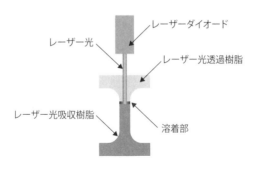

図 8-4　赤外線レーザー溶着の概要

まとめ　赤外線レーザーは指向性や収束性に優れた波長が一定の光で，レーザー発振器を用いて人工的に作られる．レーザーには固体，液体，気体のものがあるが，目的に応じて選ばれる．レーザーの指向性，収束性，単一波長，そろった位相などの特長を生かして，レーザー通信，レーザー加工，レーザー医療など幅広い分野で利用されている．

《 148 》

5 話　放射温度計とは？

　放射温度計は，物体から放射される赤外線の強度を測定して，物体の温度を測定する温度計である．例えばストーブに手を近づけると直接手を触れなくても暖かく感じるが，これは手がストーブからの放射エネルギーを感じ取るからである．

　赤外線の熱放射は黒体放射によって生じ，温度と熱放出との関係を表すプランクの法則およびシュテファン・ボルツマンの法則によって，物体の温度を算出する．シュテファン・ボルツマンの法則によると，温度 T における物体からの熱放射 j^* は，比例係数 σ，および物体の放射率 ε と次の関係にある．

$$j^* = \varepsilon \sigma T^4 \tag{8-1}$$

　プランクの法則では，黒体から放射される光の放射強度は，光の周波数 v と温度 T の関数として与えられているが，式（8-1）はプランクの式を周波数について積分して得られる．式（8-1）を用いて，赤外線の強度を測定して，温度が得られる．

　放射温度計の長所は非接触で測定可能なこと，測定が高速に行えること，動く物体の温度が測定可能なことである．非接触で測定可能なので熱伝導によって測定対象と温度計とが同じ温度になる必要がある熱電対や抵抗温度計と違い，短時間で測定が可能となる．

　放射温度計では，理想黒体（放射率 1 の物体）を基準に温度を算出しているが，それ以外の通常の物体では個々の放射率 ε に合わせて補正を行なう必要がある．物体から放射される光の放射量は材質や表面状態により顕著な違いがある．たとえば同一温度であっても，鉄とアルミニウムでは放射率 ε に違いがあるし，表面状態によっても変わる．放射率は黒体を 1 としたとき，ゴムやセラミックスなどでは約 0.95 であるが，金属など表面光沢がある物は 0.5 未満など，放射率が低くなる傾向がある．したがって，放射温度計では，表面状態に左右されて誤差が生じる．これを防ぐためには，事前にほかの温度測定法（熱電対など）との間で校正曲線を求めるか，黒体放射とするために表面に黒い材料を塗布することが必要となる．

　赤外線と温度の関係を定義する理想黒体は，他からの赤外線をまったく反射しないことを前提としている．実在の放射温度計では測定対象が放射する赤外線とほかの物体から放射された赤外線がそのまま測定の赤外線エネルギー量として合わせて計測されてしまう．こうした外乱の問題も考慮して計測する必要がある．

放射温度計の一例を**図 8-5**に示す．ここでは，赤外線センサとしてサーモパイル（熱電対の集合体）を用いている．物体から放射された赤外線エネルギーがサーモパイルに入ると，その赤外線エネルギーに応じた出力信号が発生する．出力信号をデジタル化した後，この信号とサーモパイル自身の温度を測る基準温度センサの出力信号とともに，マイクロコンピュータに入力される．マイクロコンピュータで，基準温度や放射率による補正の後，温度に換算され，液晶モニターに温度表示する．

放射温度計には，低温用，中温用，高温用があり，全体として -50 〜 3 000 ℃ぐらいの温度域をカバーしている．測定に使われる光は，低温用から高温用になるにつれ，赤外光，近赤外光，可視光の光になる．通常，光の選別にはフィルタが使われている．市販の放射温度計の多くは単色光を使っているが，2 波長あるいは，広い波長範囲の光を用いたものもある．

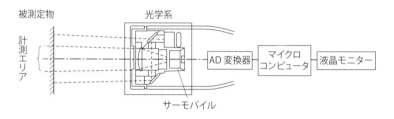

図 8-5 放射温度計の一例

まとめ 放射温度計は物体から放射される赤外線の強度を測定し，温度と熱放射との関係を表すシュテファン・ボルツマンの法則によって，物体の温度を算出する．放射温度計は非接触で高速に測定できる長所もあるが，放射率の補正を行なう必要がある．放射温度計の多くは単色光を使っているが，2 波長または広い波長範囲の光を用いたものもある．

6話　赤外線サーモグラフィとは？

　赤外線サーモグラフィは，対象物から出ている赤外線放射エネルギーを検出し，見かけの温度に変換して，温度分布を画像表示する装置あるいはその方法のことをいう．赤外線は絶対零度以上のすべての物質から放射されている．サーモグラフィでは，赤外線放射量は絶対温度の4乗に比例して増えるため，対象の温度変化を赤外線量の変化として可視化する．

　赤外線サーモグラフィの測定方法は，測定対象物から放射された赤外線をゲルマニウムレンズで結像させる(**図8-6**)．通常の石英ガラスは赤外線を透過しないため，赤外線を透過するゲルマニウムレンズ（化学式 $(GeCH_2CH_2COOH)_2O_3$）を使用する．ゲルマニウムレンズは可視光を透過しない特殊なレンズで，肉眼では黒く見える．次に赤外線を検出するが，その素子には光電効果による変化を検出する量子型と赤外線放射による温度上昇を検出する熱型とがある．量子型は通常 $-196℃$ に冷却するので冷却型ともいう．最近の半導体プロセス技術とマイクロマシン技術の発展によって熱型素子が高品質・安定生産されるようになってきた．一般的には，マイクロボロメータと呼ばれる抵抗式熱型素子で赤外線を検出する．非冷却タイプの検出素子でも，ペルチェ素子を利用して一定温度に保持する．これは，赤外線サーモグラフィの熱雑音の影響を抑え，検出精度を高めるためである．

　次いで，検出した信号を増幅してアナログデータをデジタルデータに変換（A/D変換）する．これをパソコンで処理して温度に変換して画面表示する．温度分布の表示画像は，例えば垂直240画素×水平320画素で，1画素のデータ量（データ深さ）は例えば12ビット表示である．12ビットは4 096階調分のデータ量を持っているため，1階調を $0.1℃$ に設定すると4 096階調×$0.1℃$ で $409.6℃$ 分のデータを持つことができる．

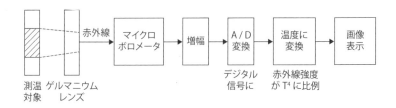

図8-6　赤外線サーモグラフィの計測方法

第8章 赤外線 《151》

　赤外線サーモグラフィの特徴としては，広い範囲の表面温度の分布を相対的に比較でき，動いているもの，危険で近づけないもの，微小物体，温度変化の激しいもの，短時間の現象，食品，薬品，化学製品などでも衛生的に温度計測できる点である．問題点としては，測定基準が黒体であるため，測定対象の表面状態（放射率）に影響されやすい，周囲環境条件の影響を受けやすい（温度ドリフト，反射の影響，湿度による減衰，特に非冷却カメラ）点がある．

　赤外線サーモグラフィは電気設備（配電盤，送電線）の点検，建築診断（断熱欠損，コンクリート浮き検知，漏水診断など），プラント設備（炉壁・配管の経年劣化）の点検，太陽電池パネルの不良パネル確認，金属溶融温度など工業用プロセス温度管理，ホットカーペット製品評価，電子基板温度分布撮影，都市のヒートアイランド現象の解明，人体温度測定などに使われている．

　医療用の応用としては，体表面の皮膚温度分布を測定し，それを色分布などで画像化して病気の診断に用いられている．動脈狭窄，動脈瘤などの血行障害，代謝異常，頭痛，内臓関連痛，脊椎神経根刺激症状（椎間板ヘルニアなど）などの慢性疼痛，自律神経障害，各種炎症の経過観察や消炎剤の治療効果の判定，乳房腫瘍，甲状腺腫，骨肉腫，陰嚢水腫，そのほかの表在性腫瘍，転移腫瘍の発見と悪性度の判定などに用いられている．医療用サーモグラフィは通常のサーモグラフィよりさらに高額となるため，これまでは使用できなかったが，最近ではこの医療用サーモグラフィをレンタルするところもあり気軽に使えるようになってきている．国際空港や公共施設などで，新型インフルエンザなどの伝染性疾患の簡易検査にもサーモグラフィが用いられている．

（ま）（と）（め）　赤外線サーモグラフィは，物体からの赤外線を検出して温度に変換し，物体の温度分布を画像表示する．物体からの赤外線をゲルマニウムレンズで結像し，熱型素子で赤外線を検出し増幅してデジタル信号に変換し，温度に変換して画像化する．離れたところからの測定が可能で，電気設備の点検，建築診断，人体温度測定，医療用などに使われている．

《 152 》

コラム

赤外線を用いた警備・防衛システム

　赤外線を用いた警備システムには，能動式と受動式とがある．能動式は警戒線上の一方に赤外線の投光器を設け，他端に赤外線センサを置いて監視を行う．投光器の発する赤外線パルスを受けて侵入者が赤外線を遮断すると，昼夜に関係なく警報ブザーが鳴る仕組みである．この種の装置で重要な点は誤報のないこと，すなわち目標物以外は遮断しないことである．通常，投光器には赤外発光ダイオードや半導体レーザーを使用し，赤外線センサには近赤外用のフォトダイオードまたはフォトトランジスタ使用し，数百 m の守備範囲がカバーされる．能動式は赤外線パルスを発射するので，逆探知されて警戒線を相手に感知されるおそれがある．

　受動式は目標の赤外線放射を検知するだけなので，侵入者に感知される心配がない．この種の装置の種類は非常に多く，使用場所，目標物の大きさと温度，距離，移動速度などによって方式，視野，感度を選ぶ必要がある．

　防衛技術における赤外線システムの重要性は非常に大きく，民需の赤外線システムは防衛技術に追随してきたといっても過言ではない．赤外線防衛システムは，赤外線通信からミサイル誘導，探知にいたるまで幅広い．

　大陸間弾道ミサイル ICBM の打ち上げ時の波長分布は 2 000 K の黒体放射に近く，最大放射波長は 1.45 μm で大部分は近赤外領域にある．地上からの監視は雲などの妨害を受けるので，飛翔中の探知には人工衛星から 10 μm 帯の赤外線を用いると言われている．探知用の映像装置も走査方式や非走査方式まで多くの種類がある．

第 **9** 章

可視光線

可視光線は波長が 380 〜 780 nm の
電磁波で，これは太陽光のスペクト
ル分布の極大値を与える波長に近い.
この章では，人間が可視光線しか見
えない理由，可視光線が 7 色に分か
れる理由，光と色の 3 原色，色を感
じる仕組みについて紹介する．また，
白熱電球，蛍光灯，LED 照明の仕組
みを紹介し，太陽光と比較しながら
説明する．

1話 ヒトはなぜ可視光線しか見えないか？

　可視光線とは，太陽やそのほかいろんな照明から発せられる電磁波のうちヒトの目で見える波長 380 〜 780 nm のものをいう．可視光線の波長の下限は 360 〜 400 nm，上限は 760 〜 830 nm の範囲にある．これは，年齢や個人差による違いとされている．国際照明委員会の国際標準比視感度によれば，可視光線の範囲は 380 〜 780 nm である．私たちはこれより波長が短くなっても長くなっても見ることはできない．ヒトはなぜ可視光線しか見えないのだろうか？

　太陽光のエネルギーのスペクトル分布を**図 9-1** に示す．太陽光は表面温度が約 5 800 K でそこから発せられる放射光のエネルギー分布が A で示した破線のようになるが，オゾン，酸素，二酸化炭素などの地球の大気で一部が吸収されて，地球表面には C で示した波長の光が降り注いでいる．可視光線より波長の短いものが紫外線，長いものが赤外線である．

　ヒトの眼の構造を**図 9-2** に示す．光は角膜から水晶体，ガラス体を通って網膜に達する．網膜は厚さ 0.3 mm の透明な膜であるが，10 層よりなり，この中に桿体細胞と錐体細胞の 2 種類よりなる視細胞があり，光を感じる．角膜では 313 nm

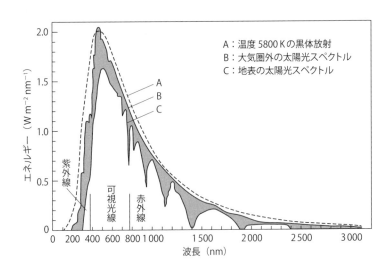

図 9-1 太陽光のエネルギーのスペクトル分布

以下の短波長と 1 500 nm 以上の長波長の光を吸収する．また，水晶体では 380 nm 以下の一部と 780 nm 以上の光を吸収してしまうので，網膜には 380 ～ 780 nm の範囲の光しか到達しない．つまり，可視光線の光しか網膜に届かないために，私たちはこれ以外の光を感じることはできない．また，人の眼の網膜にある青色，緑色，赤色を検知する錐体細胞が可視光以外の色の光を検知できない．国際照明委員会の国際標準比視感度によれば，ヒトの最高感度の波長は 555 nm で，これは図 9-1 の太陽光のスペクトル分布の極大値に近い波長である．これは偶然ではなく，太陽光の多くを占める波長がこの領域だったからこそ，人間の眼がこの領域の光をとらえるように進化した結果だと解釈できる．

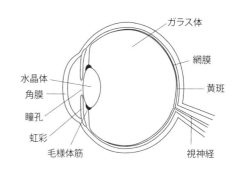

図 9-2　眼の構造

ただ，幼児は短波長側の 300 nm 近くまで見えているという説があり，年をとるほど短波長側が見えなくなると言われている．夜の闇でも若者にはおぼろげに見えるのに老人には何も見えないのは，夜光は青い短波長の光が主だからである．

可視光線は，ヒトにとっては 380 ～ 780 nm の範囲の光であるが，一部の昆虫類や鳥類，魚類など紫外線領域の視覚を持つ動物は多数ある．ミツバチは 300 ～ 650 nm の範囲の光を感知し，ゴキブリは紫外部（365 nm）と緑（570 nm）に受容器があると言われている．また，マダイは紫外部の光を 368 nm まで，コイやヒラメは 337 nm まで見ることができる．

> **まとめ**　可視光線は，太陽などから発せられる電磁波のうちヒトの眼で見える波長 380 ～ 780 nm のものをいう．光はヒトの眼の角膜から水晶体，ガラス体を通って網膜に達して光を感じる．角膜では 313 nm 以下の光と 1 500 nm 以上の光を吸収し，水晶体では 380 nm 以下と 780 nm 以上の光を吸収するので，網膜には 380 ～ 780 nm の範囲の光しか到達しない．網膜には視細胞があるので，到達した光しか感ずることはできない．

2話 光がプリズムでなぜ7色に分かれるか？

　太陽光のように色がついていない白色光はもちろんのこと，それ以外の色づいた光はさまざまな色の光が混ざっている．太陽の光をプリズムに通すと，虹のような色の帯ができる．この色の帯をスペクトルと呼び，光をスペクトル（波長成分）に分けることを分光という．

　このことを発見したのは，万有引力を発見したニュートンである．図9-3にニュートンが行なったプリズムによる分光の実験の概念図を示す．スクリーンの小さな孔から白色光を通し，ガラス製の三角プリズム1に通すと，ガラスの屈折率が空気より大きいため光は屈折する．その際，青系統の短波長の光は大きく屈折し，赤系統の長波長の光は小さく屈折するので，プリズム1から出てきた光は分離し，白紙を置くと赤・橙・黄・緑・青・藍・紫の順に並んで見える．光のスペクトルが人間の眼で見えるということは，特定の波長が，人間の網膜に刺激を与えて色として感じさせているのである．

　このような屈折が起こるとき，波長が短い光の紫色に近い光ほど大きく屈折する理由はなぜだろうか．屈折の現象は，硬い物質に光が入るとき抵抗を受け光速度が遅くなることで起こる．光速度が遅くなるというのは，光は横波であるが媒質中ではその振動を遅くしようとする抵抗があるからである．振動数が大きいほど大きな抵抗を受けることになる．振動数と波長は逆比例の関係があるから，波長の短い青系統の光（振動数が大きい）ほど屈折率が高くなり，波長が長いと屈折率は小さくなる．

　ニュートンはこれだけではなくて，図9-3に示すように分散した光をさらにプ

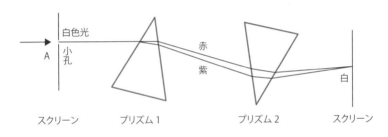

図9-3　プリズムによる分光の実験

リズム 2 を逆の形に置いて光を通過させると，再び白色光に戻り，白紙を当てても色はつかないことを見つけた．さらに，第 3 のプリズムを通過させると再び光が分散される．ニュートンはこの実験において，分散した光の経路に光を反射する物体を置いて光が眼に入るようにしたときだけ色がついて見えることに着目した．ニュートンは光そのものには色がついているのではなくて，それが眼に入ったときに初めて色の感覚が生ずると考えた．つまり，色は人間の心理的なものだとした．ニュートンはさらに，二つのプリズムの間で一部の波長の光を遮るとどうなるかを実験した．例えば，赤の光を遮ると白色光ではなくて青色に見えることを見出したのである．

　プリズム以外に光の屈折によって太陽光の分光が起こる現象として，雨あがりに水滴での屈折・反射によって観察される虹がある．シャボン玉でも虹色が現れるが，これは水に界面活性剤を添加することによって薄い膜が生じ，膜の厚みの分布による光の干渉によっていろいろな色が出るものである．

　プリズムは，光を分散・屈折・全反射・複屈折させるための，周囲の空間とは屈折率の異なるガラスや水晶などの透明な媒質でできた多面体である．プリズムは，内部での全反射を利用して，光の進む方向を変える用途にも用いられる．この例としては，双眼鏡内で像を反転させて正立像にするものや，一眼レフカメラのファインダー内で，光軸を 3 回曲げて，ファインダーに導くものなどを挙げることができる．

> ⓂⒶⓉⓄⓂⒺ　太陽の光をプリズムに通すと，ガラスの屈折率が空気より大きいため光は屈折し，虹のような色の帯ができる．青系統の短波長の光は大きく屈折し，赤系統の長波長の光は小さく屈折するからである．屈折の際に光の振動数が大きいほどガラスから大きな抵抗を受け，波長の短い光（振動数が大きい）ほど屈折率が高くなるからである．

3話　光の3原色とは？

　人は暗闇の中では物を見ることができず，目の前は黒一色である．しかし，暗闇の中で眼を凝らすと少しづつ見えてきて30分もするとかなり見える．これは，瞳孔が開いて眼に多くの光が入り，眼の感度が上がるためである．この現象を暗反応という．また，太陽などを直視すると眩しいだけで色を感じることはない．暗がりから急に明るいところに出るときの眼の反応を明反応という．明反応の応答速度は1分程度である．暗反応と明反応の視感度はそれぞれ507 nmと555 nmに最高感度がある．暗反応は暗闇に対応するため，青系統の光が見えるが赤い色は見えない．暗がりで赤い色が黒っぽく見えるのはそのためである．暗いところで主として働いているのが視細胞の一種である桿体という円柱形の細胞である．桿体は光に反応して明暗を高感度で認識するが，色は感じない．色を感じるのは錐体という円錐形の視細胞であるが，光の感度は桿体の1/1000程度しかない．

　私たちは太陽光を白色の光だと感じているが，プリズムに通すとそれが7色に分かれることを知っている．これは，人の眼で見ることのできる光（可視光線）が，380～780 nmまでの色の光が混ざり合って白色になっているからである．赤，緑，青の三つの光の割合を加減して重ね合わせるとあらゆる光を作り出せる．それでこの三つの光を光の3原色という．原色とは，混合することであらゆる種類の色を生み出せる，互いに独立な色の組み合わせのことである．互いに独立な色とは，二つを混ぜても残る三つ目の色を作ることができないという意味である．**図2-1**に示すように，光の3原色のうち赤と緑の光が混ざると黄，緑と青が混ざると青緑（シアン），青と赤が混ざると赤紫（マゼンタ），赤緑青すべてが混ざると白になる．光は原色の色を混ぜるほど色が明るくなる．光の場合には赤・緑・青の三つの色の強度を変えて混ぜ合わせると，ほぼすべての色が再現できる．**図9-4**にはないが，例えば茶色は赤：緑：青＝128：64：64とすれば得られる．

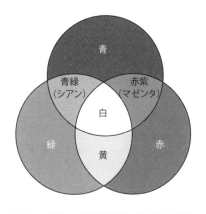

図9-4　光の3原色と原色の混合による色

　原色は電磁波の本質的な要素ではない．

国際照明委員会（CIE）が1931年に定めたCIE標準表色系は，単色の原色の定義を定め，その波長を700 nm（赤），546.1 nm（緑），435.8 nm（青）としている．テレビやディスプレイ類は光の3原色を用いて色を表現している．用いられる波長は，赤（波長：625〜740 nm），緑（波長：500〜560 nm），青（波長：445〜485 nm）である．

原色は生物の眼が可視光線に対して起こす生理学的反応と結び付いている．天然光や照明などの光は，あらゆる波長の放射エネルギーが含まれており連続的なスペクトルを持つ．その情報は無限次元にわたるが，人間の眼はこれを赤・緑・青の3次元の情報として処理している．例えば赤と緑の光を加え合わせると黄色になるが，これは太陽光をプリズムで分光した黄色の光（波長589 nm附近）や高速道路のトンネルなどに使われているナトリウムランプ（波長589.0と589.6 nm）と同じではない．赤と緑の光を加え合わせた光は幅広い波長範囲を含んだ光である．これが単波長の黄色と同じに見えるのは，人間の視細胞と神経の作用によるのである．

人間の眼の奥の網膜には一面に光受容細胞（錐体細胞と桿体細胞）があるが，光量が充分な場合は3種類からなる錐体細胞が反応する．錐体細胞には，長波長に反応する赤錐体，中波長に反応する緑錐体，短波長に反応する青錐体の3種類があり，それぞれの波長に最も反応するタンパク質を含む．これらが可視光線を感受することで信号が視神経を経由して大脳の視覚連合野に入り，ここで赤・緑・青の3種類の錐体からの情報の相対比を分析し，色を認識している．

色覚異常とは色の感じ方が大多数の人と違うことである．色盲とか色弱とか言われているが，色の区別が全くつかない人は稀で，多くの人は赤と緑の区別がつきにくいタイプである．色覚異常の人は男子の約5％に見られるが，女子は約0.2％である．色覚異常は赤を感じる視細胞が欠けているか感度が低い場合または緑を感じる視細胞が欠けているか感度が低い場合が多いようである．

（ま）（と）（め）　赤，緑，青の三つの光を割合を加減して重ね合わせてあらゆる光を作り出せるので，光の3原色と呼ぶ．人間の色を感じる視細胞が3種類からなることに対応している．錐体細胞には，長波長に反応する赤錐体，中波長に反応する緑錐体，短波長に反応する青錐体の3種類があり，信号が視神経を経由し大脳の視覚連合野で色を認識している．

4話 色の3原色とは？

　暗闇で見えるのは灯火など，それ自身が光を出している場合である．光を出していないものが見えるのは，外からそのものに当たった光の一部が反射したり透過したりして眼に入るからである．ものの見え方はそのものの性質と当たった光の性質の両方によって決まる．光の性質については，太陽光，電球，蛍光灯によって見え方が大分違う．蛍光灯は赤色光が少ないので赤は暗く見えるが，白熱電球では赤い光が多いので赤っぽく見える．

　発光体ではない物体を見たときに，私たちはその物体の色をどのように感じているのだろうか．それは，物体に光が当たったときに，ある色の光は物体に吸収されて，吸収されない色の光が反射されて眼に届くことで物体の色を感じている．たとえば，黒い物体は可視光線のほとんどを吸収して反射しないため人の眼には黒く見え，白い物体は可視光線のほとんどを反射するため人の眼には白く見えている．

　色には光のように色を混ぜていくと白になる光の3原色と，絵の具などのように色を混ぜていくと黒になる色の3原色がある．色の3原色は，青，赤，黄と呼ばれることもあるが，正しくは，青緑（シアン，C），赤紫（マゼンタ，M），黄色（Y）の3色である．色の3原色と原色の混合による色を図9-5に示す．シアンと黄色を混ぜると緑，シアンとマゼンタを混ぜると青，黄色とマゼンタを混ぜると赤になる．理論上ではこれらの3色を合成することであるすべての色を再現できる．色の3原色は頭文字をとってCMYと表すが，混合すると暗くなるので減法混合と呼ぶ．

　私たちが身の回りの物を見るときは，その物に当たって反射した光を見ているときがほとんどである．このとき，その物に当たった光のうち，「何色の光を吸収しているか」によってその物の色が決まる．例えば，赤いリンゴは，赤の光だけが私たちの眼に届くから赤く見えているのではない．赤いリンゴは皮に490〜500 nm（青緑）の光を吸収するアントシアンの成分を含んでいるので，青緑が欠けた光が私たちの眼

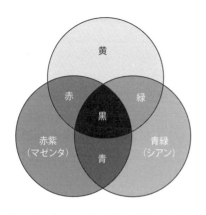

図 9-5 色の3原色と原色の混合による色

に届くので，赤いリンゴは赤く見えるのである．青緑の光を吸収したリンゴの皮は光のエネルギーをもらって熱になる．

この青緑と赤の関係は，**図9-5**においてシアン（青緑）の円の黒い部分をはさんだ反対側に赤があることを確かめることができる．このような吸収される光と観察される色との関係を補色と呼ぶ．吸収される光と観察される色を**表9-1**に示す．

色の3原色を利用しているのは，カラープリンターやカラー写真である．インクジェット式のカラープリンターに装着するインクが青緑（シアン，C），赤紫色（マゼンタ，M），黄色（Y）の3色である．このCMYがインクの3原色で，CMYを重ねてもすべての色をカットしきれないので，きれいな黒にはならない．そのため，印刷では黒（K）のインクが補助的に使われていてCMYKと呼ばれている．カラー写真も極めて薄い3層のカラー・フィルムを重ね色を出す．これはCMYKモデルと呼ばれるものである．

表9-1 吸収光と色および観察される色（光の補色）

吸収光の色	波長 (nm)	エネルギー (eV)	観察される色
紫	380 ～ 435	2.85 ～ 3.26	黄緑
青	435 ～ 480	2.58 ～ 2.85	黄
緑青	480 ～ 490	2.53 ～ 2.58	橙
青緑	490 ～ 500	2.48 ～ 2.53	赤
緑	500 ～ 560	2.21 ～ 2.48	赤紫
黄緑	560 ～ 580	2.14 ～ 2.21	紫
黄	580 ～ 595	2.08 ～ 2.14	青
橙	595 ～ 605	2.05 ～ 2.08	緑青
赤	605 ～ 750	1.65 ～ 2.05	青緑
赤紫	750 ～ 780	1.59 ～ 1.65	緑

まと**め** 絵の具など色の3原色は，青緑（シアン），赤紫（マゼンタ），黄色の3色である．色の3原色は混合すると暗くなるので減法混合と呼ばれる．色の3原色はカラープリンターやカラー写真などに応用されている．赤いリンゴは，赤の光だけが私たちの眼に届いているのでなく，リンゴの皮が青緑の光を吸収し青緑が欠けた光が赤く見える．

5話　白熱電球の光はなぜ赤みがかって見えるのか？

　白熱電球は，発光管（ガラス球）内のフィラメント（抵抗体）を電流によるジュール熱で加熱し，その熱放射を利用した光源のことで，単に電球とも呼ばれる．エジソンが発明した実用電球は，フィラメントに炭素が使われたが，現在ではタングステンが使われる．フィラメントには，コイル状にした細いタングステン線が使用されるが，一般照明用電球では二重コイルにされる．ガラス球には，ソーダ石灰ガラスが用いられ，その形状は，なすび形や球形が多い．透明電球の輝度が高いとフィラメントからの光が目に入りまぶしくなるので，電球の内側につや消し処理がなされている．フィラメントのタングステン線は空気中では酸化されるので，ガラス球にはアルゴン，窒素，クリプトンなどの不活性ガスが封入される．一般照明用電球（100 V，20～100 W）は，アルゴン（86～98％）と窒素（2～14％）の不活性気体が封入され，点灯時に約1気圧（100 kPa）になる．

　電球の発光は，高温フィラメントからの熱放射を利用し，可視光線を含む連続スペクトルである．一般照明用100 Wの電球のフィラメント温度は約2 800 Kと高い．一般に，物質はその温度に相当する光を放射する．人体の温度は36℃程であるので10 μm付近をピークとする赤外線を放出している．物質の温度が高ければ放射する光の波長が短くなる．物質の温度と放射する光の波長との関係を理想的な黒体条件でプランクの式を用いて示したのが図9-6である．

　図9-6において，5 500 Kでの放射は太陽光に近い放射のスペクトル（図9-1参照）を示し，その波長範囲は紫外線，可視光線，赤外線におよんでいる．3 500 Kでの放射は500 Wの白熱電球に相当する放射を示し，紫外線の強度は非常に小さく，可視光線から赤外線領域にわたって長く裾を引いている．私たちがよく用いる40～60 Wの白熱電球ではフィラメント温度が2 500 K

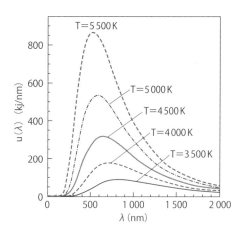

図9-6　黒体放射のスペクトル

近くになるので，700 ～ 800 nm に緩やかなピークを持つスペクトルとなる．それは赤に近い波長成分が強調された光になるので，白熱電球の光は私たちの眼には赤っぽく見える．

　白熱電球の入力電力に対する可視光の変換効率は約 10 ％で，赤外放射が約 70 ％もあり，大部分が熱として放出される．フィラメントの温度を高く設定すると放射光中の可視光成分が多くなり，発光効率が上昇するが，その分フィラメントの蒸発も大きくなり，電球の寿命が短くなる．現在，市販されている白熱電球の多くは 1 000 時間程度の寿命である．高温（2 200 ～ 2 700 ℃）となるタングステンフィラメントは徐々に蒸発し，細くなることで素材強度が小さくなり，最後に折損（球切れ）する．また昇華したタングステンがガラス球内に付着し，可視光放射効率低下の原因ともなる．

　封入ガスにハロゲン（ヨウ素，臭素，塩素など）を微量混合し，ガラス球部が高温になるようにすることで，昇華したタングステンをフィラメントへと還元するようにしたハロゲンランプもある．ハロゲンランプの場合，通常の白熱電球の数倍の寿命となるが，その温度を高く設定して寿命は同じで効率が高い電球とすることもできる．逆に，フィラメントの温度を低く設定し，長寿命化した製品もある．例えばキセノンランプの中には，効率が低く光も赤色味が強くなる代わりに 10 000 時間前後の寿命を持つものがある．電球交換の頻度を減らす必要がある交換が困難な場所（高所など）で用いられている．

　2018 年現在，省エネなどの観点から白熱電球から電球形蛍光灯や LED 電球への移行が進んでいる．しかし，白熱電球には，高周波ノイズを発生しないことや，農産物のビニールハウス栽培や養鶏など，照明の役割と同時に白熱電球の発する熱を利用する用途などメリットも指摘されている．

　⓼⓾⓱　　白熱電球は，ガラス球内のタングステンフィラメントをジュール加熱し，その熱放射を利用した光源である．白熱電球ではフィラメント温度が 2 500 K 近くなので，その放射スペクトルは 700 ～ 800 nm の波長の光の寄与が大きく赤っぽく見える．白熱電球の発光効率が 10 ％程度なので，省エネの観点から蛍光灯や LED 照明に置き換わりつつある．

6話 蛍光灯はどのように光るのか？

蛍光灯は放電で発生する紫外線を蛍光体に当てて可視光線に変換する光源である．蛍光灯は，管内に蛍光物質が塗布されたガラス管と，両端に取り付けられた電極とでできている．電極はコイル状のフィラメントにエミッター（電子放射性物質）を塗布したもので，これが両端に2本ずつ出ている4本の端子につながっている．ガラス管内には，放電しやすくするために2〜4hPaのアルゴンガスと少量の水銀の気体が封じ込まれている．

蛍光灯の構造を図9-7に示す．電極（陰極）に電流を流すと加熱され，高温になったエミッターから大量の熱電子が放出される．放出された電子はもう片方の電極（陽極）方向に移動し，アルゴンガスがイオン化して放電が始まる．放電により流れる電子は，ガラス管の中に封入されている水銀原子と衝突する．

すると水銀の内殻電子が外に飛び出し，外側軌道にある電子が内殻電子の軌道に入るときに余ったエネルギーを紫外線として放出する．その紫外線の波長は水銀特有のもので，253.7と184.9 nmである．水銀蒸気を使う理由は，水銀は紫外線の生成効率が高いからである．発生した紫外線はガラス管内に塗布されている蛍光物質にぶつかり，可視光線が発生する．ここで，蛍光物質は $Ca_3(PO_4)_3(F, Cl)$ に不純物としてSbとMnを添加したものである．SbとMnの原子に衝突した紫外線はSbとMnの軌道電子を高いエネルギー状態に励起し，それらが元の軌道に戻るときに，それぞれ480と580 nmの波長の光を放出する．SbとMnの軌道電子の励起は格子振動の励起状態も含むので480と580 nm付近に広がった波長分布になり，それらを合わせた光は白色に見えるのである．

蛍光灯は白熱灯と比べると，同じ明るさでも消費電力を低く抑えられる．エネ

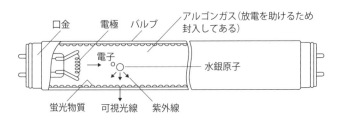

図9-7 蛍光灯の構造

ルギーの変換比率は，可視光放射25％，赤外光放射30％，紫外光放射0.5％で，残りは熱損失となる．白熱灯と違い，点灯には安定器やインバーターなどが必要なため，直接電圧を掛けただけでは使用できない．ただし電球形蛍光灯では安定器を内蔵しているため，直接ソケットに差すだけで点灯する．蛍光灯の点灯開始にはフィラメントの予熱が必要なため，始動のための専用回路が必要である．

　点灯管方式はスイッチを入れると点灯管の内部で放電が起こり，放電熱によって点灯管内のバイメタルが作動し，点灯管を経由して流れる電流が，蛍光ランプ両端のフィラメントを予熱する．そのとき，点灯管内の放電はすでに止まっているので，バイメタルは冷えて元の位置に復帰し，点灯管を経由する閉回路が開放され，安定器のコイルが持つ自己誘導作用により，高電圧が発生する．それに合せて，温められていたフィラメントから電子が放出され，蛍光ランプが始動する．始動にかかる時間は，3秒程度かかる．

　ラピッドスタート方式は，点灯管を使用せず始動補助導体を持ったラピッドスタート形ランプと，予熱巻線付きの磁気漏れ変圧器形安定器の組み合わせで始動する．始動動作はランプ両端のフィラメントが，安定器の予熱巻線から供給される電流で加熱され，始動に必要な電圧がランプ両端にかかる．このとき始動補助導体とフィラメントとの間に微弱な放電が発生し，すぐに主放電に発展する．1〜2秒ほどで点灯する．ビル・百貨店・駅・学校・会社・コンビニなどの多くはこの方式の蛍光灯を用いている．

　インバーター方式はインバーター回路により始動する．交流の商用電源を整流回路で直流化した後，インバーター装置で数10kHzの高周波の交流電力に変換し点灯する．即時に点灯でき，高周波点灯により発光効率も上がり，ワット数当たりの明るさは向上し，ちらつきも少ないのが特徴である．そのため，公共施設などではラピッドスタート方式からインバーター方式に替わりつつある．

　(ま)(と)(め)　蛍光灯の電極に電流を流すと熱電子が陽極に向かい放電が始まる．放電により流れる電子は，ガラス管の中の水銀原子と衝突し，内殻電子をはじき出して紫外線を放出する．紫外線はガラス管内に塗布されている複数の蛍光物質にぶつかり，波長の違う可視領域の光が発生して，白色に近い光となる．

7話　発光ダイオードはどのように光るのか？

　発光ダイオード（light emitting diode，LED）は，順方向に電圧を加えた際に発光する半導体素子である．発光ダイオードは，半導体を用いた pn 接合と呼ばれる構造で作られている．ダイオードとは，電子が少し余っている n 型半導体と電子が少し足りない p 型半導体とをくっつけたもの（pn 接合）である．pn 接合した電極に電圧をかけると，半導体に注入された電子と正孔はそれぞれ伝導帯と価電子帯を流れ，pn 接合部付近で禁制帯を越えて再結合する．再結合時に，バンドギャップ（禁制帯幅）にほぼ相当するエネルギーが光として放出される．

　放出される光の波長は材料のバンドギャップによって決められ，これにより赤外線から可視光線，紫外線領域までさまざまな発光を得られるが，基本的に単一色である．印加する電圧はバンドギャップにほぼ相当する電子のエネルギーで，赤外 LED では 1.4 V 程度，赤色・橙色・黄色・緑色では 2.1 V 程度，青色では 3.5 V 程度，紫外線 LED では 4.5 〜 6 V である．

　半導体のバンドギャップは材料によって決まっているため，素材を選択することにより，さまざまな色の発光ダイオードを作り出すことができる．赤外線・赤はアルミニウムガリウムヒ素（AlGaAs），赤・橙・黄はガリウムヒ素リン（GaAsP），緑・青・紫・紫外線は窒化ガリウム（GaN），インジウム窒化ガリウム（InGaN），アルミニウム窒化ガリウム，リン化ガリウム（GaP），緑・青緑・青はセレン化亜鉛（ZnSe），紫外線はダイヤモンド（C）などである．ただ，発光効率を考えると，これらの物質をただ用意するだけではだめで単結晶を作る必要がある．歴史的には最初に赤の LED が開発され，次いで緑もできたが，青については多くの研究者が開発を試みたが，実現が困難であった．赤崎勇氏，天野浩氏らは単結晶の GaN を作成し，pn 接合の GaN LED 作成に成功し，青色 LED 技術を開発した．それらの技術を使って製品化したのが日亜化学工業の中村修二氏で，3 人は 2014 年にノーベル物理学賞を受けた．青色 LED の開発の成功によって，青，赤，緑の光の三原色がそろってあらゆる色を表現できるようになり，また青色または紫外線を発する発光ダイオードの表面に蛍光塗料を塗布することで，白色の発光ダイオードも製造できるようになりた．

　白色発光ダイオードは，青または紫外線を発する発光ダイオードのチップに，長波長の光を放つ蛍光体を組み合わせる方式が主流である．発光ダイオードのチップは蛍光体で覆われており，点灯させると，発光ダイオードチップからの光の一部ま

たは全部が蛍光体に吸収され，蛍光はそれよりも長波長の光を放つ．発光ダイオードのチップが青発光であれば，チップからの青色の光に蛍光体の光が混合されて，白色光を得ることができる．この蛍光体には，例えば YAG（$Y_3Al_5O_{12}$）系のものが用いられる．

擬似白色発光ダイオードは一般に青黄色系である．視感度の高い色である黄色の蛍光体と青色発光ダイオードとを組み合わせることによって，視覚上で大変に明るい白色発光ダイオードを実現している．擬似白色発光ダイオードは非常に高いランプ効率（lm/W）値が得られることが特徴である．人間の網膜で光の強度や色を識別する錐体は黄緑色の波長（約 555 nm 付近）で視感度が高いため，蛍光体の黄色と発光ダイオードの青色とを組み合わせることによって視覚上大変明るい白色発光ダイオードが実現できている．

高演色白色発光ダイオーは，擬似白色発光ダイオードが緑や赤の成分が少ないため演色性が低い欠点を改良したものである．ただ，赤の発色が悪いという性質を改善するために黄色以外の蛍光体を混ぜて演色性を改善しようとすると，ランプ効率（lm/W）が低くなる．これは，赤色領域で多くの光エネルギーを発生させてもこの領域の人間の目の視感度が低いことからランプ効率の評価が低くなることが理由である．近年，βサイアロン蛍光体の開発に成功し，これを用いることでランプ効率の向上が得られるとともに赤色の発色の問題も解決されつつある．

3 色 LED 方式による白色発光として，光の三原色である赤色・緑色・青色の発光ダイオードのチップを用いて一つの発光源として白色を得る方法もある．この方式は各 LED の光量を調節することで任意の色彩を得られるため，大型映像表示装置やカラー電光掲示板の発光素子として使用されている．ただし，照明として用いることを考えた場合，3 色 LED 方式は赤・緑・青の鋭い三つのピークがあるのみで黄およびシアンのスペクトルが大きく欠落している．3 色 LED 方式の白色発光は光自体は白く見えても自然光の白色光とはほど遠いという欠点がある．

(ま)(と)(め)　発光ダイオードは順方向に電圧を加えた際に半導体のバンドギャップに相当する光を放つ半導体素子である．放出される光の波長は半導体素子のバンドギャップによって決まり，赤（AlGaAs），緑（ZnSe），青（GaN）などが用いられる．青色 LED の開発の成功によって，青色 LED の表面に蛍光塗料を塗布することで，白色の LED も得られるようになった．

《 168 》

8話　発光ダイオードはどのように利用されるのか？

発光ダイオードは，白熱電球，蛍光灯などの光源に比べて，長寿命，動作が安定，速い応答速度，調整が要らないなどの特長がある．LED の発光波長範囲や発光出力の幅が広がり，実装パッケージの選択肢も広がった．価格も寿命や交換の手間を考えて評価すると，従来の光源に勝る場合が増えてきた．今後の技術革新の進歩によりさらなる特長の進展も期待される．

LED の消費電力は白熱電球の数分の 1 で蛍光灯とほぼ同程度である．LED は低電圧の直流で動作するので，装置を小型軽量化でき，応答速度が速く，点滅動作，調光が自由にでき，高速応答用途に利用できる．また，低温や振動，衝撃に強く，有害な物質を含まないので環境性にも優れている．

低消費電力，長寿命，小型であるため数多くの電子機器に利用されている．特に，携帯電話のボタン照明などはその特性をフルに活かしている．また，一つの素子で複数の色を出せるような構造のものもある．機器の動作モードによって色を変えることができるなど，機器の小型化に貢献している．

表示用では，高輝度の青色や白色の発光ダイオードが供給されてからは，競技場などの大型ディスプレイ，信号機，自動車のウィンカーやブレーキランプにも利用されている．ブレーキランプに使用した場合，後続車両へのブレーキ作動の警告として使われるため使用頻度が高くなる．急激な電力供給と発熱のため寿命が短くランプ切れは事故につながりやすいため，長寿命の LED が適している．また白熱型照明は発光に時間がかかり，ブレーキ作動から点灯までの時間差を生むが，LED は時間差がきわめて小さいメリットがある．従来の交通信号機では，半年から 1 年の周期で電球の交換が必要であったが，LED 化で寿命が 10 年程度に伸び，消費電力が 1/7 程度と小さいので LED 化が急速に進んでいる．東京スカイツリーでは，夜のライトアップ照明をすべて LED で行っている．

ディスプレイのバックライト用では，冷陰極管が発する白色光をカラーフィルタで透過して得られる色に比べ，RGB3 色 LED が放つ光は色純度が高い．そのため，光源を冷陰極管から LED に置き換えることによって色の再現範囲を広げることができる．LED テレビとは一般的に，LED バックライトを搭載した液晶テレビのことである．2008 年ごろから各メーカーが上位機種を中心に採用するようになり，下位機種にも普及している．エリア駆動対応機種では，映像が暗い部分のみ LED バックライトを

消灯するエリア駆動により，液晶ディスプレイの弱点であるコントラストを大幅に拡大できるメリットがある．また超薄型と呼ばれる厚さを抑えた液晶テレビや，ノートパソコンの薄型化でも LED バックライトが重要な要素となっている．

　現代の高速通信とコンピュータを支えているのは LED である．サーバ内通信から家庭への通信まで LED を使った光ケーブルで行われている．また国内拠点間や海外とつなぐ基幹回線もほとんど光ファイバー（LED 使用）によるケーブルが使われている．周波数の高い青色発光ダイオードを使うことにより，簡単に通信容量を約 2 倍にすることができる．駆動電流の変化に対し，光出力が高速応答するという特性を生かし，家電製品等の赤外線リモコンや光ファイバー通信の信号送信機，またフォトカプラ内部の光源に赤外発光 LED が広く使われている．

　照明用として LED 照明は，省エネ，高輝度で長寿命化に伴い，発熱の大きい電球に代わって用いられている．デザインや光色なども調節できるため自由度の高い照明が可能になる．懐中電灯，乗用車用ランプ，電球型照明，スポットライト，常夜灯，サイド照明，街路灯，道路照明灯などに次々登場している．白熱電球のソケットに装着可能な LED 電球は大幅に価格が下落している．製品寿命や消費電力を考慮すれば LED 電球のほうが，白熱電球や電球形蛍光灯より低コストであると言われているが，発売されてからまだ日が浅いので，公称寿命の 40 000 時間に達した例がほとんどなくまだ未知数である．また，従来の蛍光灯にそのまま接続できる直管型 LED ランプも登場しているが，口金が合っていても方式が適合しないタイプを使用して火災が起きた例もあるから注意が必要である．

　自転車への LED の普及率は，自動車のそれに比べて非常に高い．発電機を動かすためペダルをこぐ力が乗り心地に直結するため，消費電力の少ない LED の使用により軽快な乗り心地になる．また使用電力が低いため，非接触型の発電機を使用することにより，照明による負荷が非常に少なくなる．また電池式においても消費電力の少ない分電池が長持ちする利点がある．

⓪と⓪　　発光ダイオードは，白熱電球，蛍光灯などの光源に比べて，長寿命，低電圧での動作，速い応答速度などの特長がある．大型ディスプレイ，懐中電灯や信号機，自動車および自転車のランプ，光ファイバーケーブルによる高速通信，家電製品等の赤外線リモコン，ディスプレイのバックライト，各種の照明にも利用されている．

コラム

光と色を感じる仕組み

　人間の眼に入った光は角膜と水晶体を通過する際に，赤外線と紫外線が吸収されて可視光線だけが網膜にある視神経に到達する．

　視神経には桿体細胞と錐体細胞の2種類の視細胞がある．桿体細胞はうす暗いところではたらく視細胞で，片目の網膜上に約1億2000万個ある．桿体細胞は，明暗を感じる力を持っているが，色を感じることはできない．桿体細胞には円盤状の光受容タンパク質のロドプシンが含まれている．ロドプシンは分子量が4万程度であるが，アポタンパク質と**図 9-8** に示すレシチナールという分子からなっている．ここで，アポタンパク質とはレシチナールを除いた残りの構造を指す．桿体細胞に光が到達すると，光受容タンパク質のロドプシンにあるレシチナールが光を吸収して全トランス型に異性化する．ここで，異性化とは，分子が組成を変えずに原子の配列が変化して別の分子に変わることをいう．11 シス型は光がくる前の構造で，全トランス型に構造が異性化することが「光がきたよ」という信号に相当する．全トランス型に変化したレシチナールは異性化酵素によって 11 シス型に異性化して次の光の到来に備える．

　錐体細胞は色を感じる視細胞で，光受容タンパク質フォトプシンを含む．フォトプシンには S- フォトプシン，M- フォトプシン，L- フォトプシンと3種類あり，それぞれ青，緑，赤の光に対応する．波長 420nm の青色の光が錐体細胞に届くと，S- フォトプシンにあるレシチナールが異性化を起こす．これは，「青色の光がきたよ」という信号に相当する．同様に，緑や赤の光が錐体細胞に届くと，それぞれ M- フォトプシンや L- フォトプシンにあるレシチナールが異性化を起こす．

　桿体細胞と錐体細胞によって感知された光や色の情報は視神経を経由して大脳にある視覚野に伝わり，光や色を認識する．

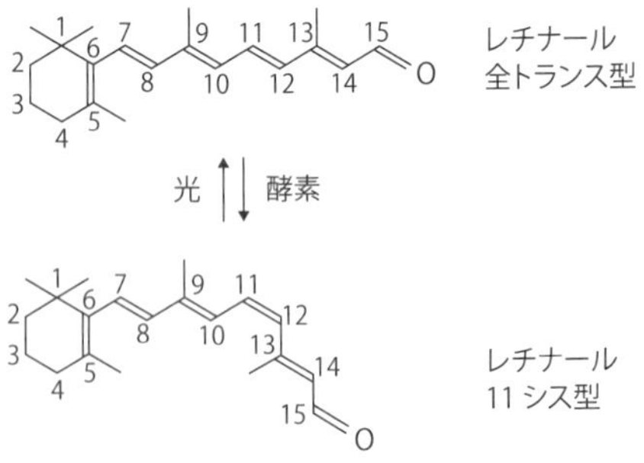

図 9-8　レシチナールの光異性化反応

第 **10** 章

紫 外 線

紫外線は波長が 10 ～ 380 nm の電磁波で見えない光である．太陽光のうち波長の短い紫外線が上空のオゾン層で吸収されて，UVA（380 ～ 315 nm）と UVB（315 ～ 280 nm）だけが地上に降り注ぐ．紫外線は日焼けや皮膚がんなどを引き起こす．この章では，紫外線の健康被害，殺菌作用，火災報知器，UV 印刷などについても紹介する．

1話 紫外線とはどんな光か？

　紫外線は波長が 10 〜 380 nm で，可視光線より短く軟 X 線より長い電磁波で，人間には見えない．赤外線が熱的な作用を及ぼすことが多いのに対し，紫外線は化学的な作用が顕著で，化学線とも呼ばれる．

　波長による分類法として，波長 380 〜 200 nm の近紫外線，波長 200 〜 10 nm の遠紫外線もしくは真空紫外線に分けられる．また，人間の健康や環境への影響の観点から，近紫外線をさらに UVA（380 〜 315 nm），UVB（315 〜 280 nm），UVC（280 nm 未満）に分けることもある．太陽光の中には，UVA，UVB，UVC の波長の紫外線が含まれているが，そのうち UVC は吸収が大きく大気を通過できないので UVA，UVB が地表に到達する（図 10-1）．地表に到達する紫外線の 99 ％ が UVA である．

　UVB は皮膚の表面に届き，皮膚や眼に有害である．皮膚に紫外線が照射されると，コラーゲン繊維および弾性繊維にダメージを与えて皮膚を老化させる．強度の強い UVB は眼に対して危険で，雪眼炎（雪目）や紫外眼炎，白内障などになる可能性がある．UVB は日焼けを起こしたり，皮膚がんの原因になる．紫外線に対する生体の防御反応として，人間の体では茶色の色素のメラニンを分泌して皮膚表面に沈着させ，日焼けとなる．

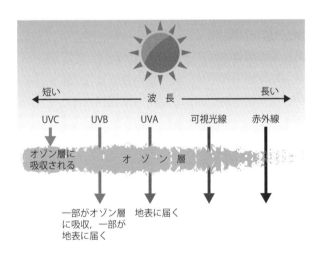

図 10-1　太陽からの紫外線

UVA は UVB ほど有害ではないといわれているが，長時間浴びた場合は同じように細胞を傷つけるため，同様の健康被害の原因となる．UVA は雲や窓ガラスを通過して UVB より深く皮膚の中に浸透し，しわやたるみなどの肌の老化を引き起こす原因になる．紫外線の有用な作用として，ビタミン D の合成，生体に対しての血行や新陳代謝の促進，あるいは皮膚抵抗力の作用，殺菌消毒などがある．

フォトリソグラフィは，半導体（IC，LSI）の露光工程において，微小パターン形成に紫外線を用いた露光が使用される．初期のフォトリソグラフィでは，光源にg線（436 nm），i線（365 nm）が使用されていたが，その後，加工構造の微細化に伴い，KrF エキシマレーザー（248 nm），ArF エキシマレーザー（193 nm），F2 エキシマレーザー（157 nm）と短波長化が進み，さらに X 線を用いた露光装置もある．このようなフォトリソグラフィは半導体のみならず，プリント基板の製造においても使用されている．

火災報知機には，紫外線の検知器が用いられる．ほとんどの物質（炭化水素，金属，硫黄，水素など）は紫外線領域と赤外線領域両者に発光スペクトルを持つ．例えば，水素が燃える炎は，185 ～ 260 nm の範囲で強く，赤外線領域で弱く発光が存在する．石炭の炎は非常に弱い紫外線と非常に強い赤外線の波長の光を放出する．このように火災検知器は，紫外線と赤外線両者の検知器を備えたほうが，紫外線のみの検知器より信頼性が向上する．すべての炎には，多少の差はあるが UVB バンドの放射がある．火災以外の用途として，紫外線検知器は，アーク放電，電気火花，稲妻，非破壊検査に使用される．

紙幣や重要な証明書（例えば，健康保険証，運転免許証，パスポート）には，偽造防止のため，紫外線照射時に見ることのできるマークを含むものがある．ほとんどの国が発行しているパスポートは，紫外線感度の高い蛍光物質を含むインクで偽造防止の細い線が書かれている．カラーコピーやプリンターではこれらを再現することができないので，偽造品を見分けることができる．

> **(ま)(と)(め)** 　紫外線は人間には見えない波長が 10 ～ 380 nm の電磁波である．太陽からの紫外線のうち UVA（380-315 nm），UVB（315 ～ 280 nm）が地表に届き，皮膚の老化，日焼け，皮膚がん，白内障の原因になる．紫外線は，殺菌消毒，蛍光灯，フォトリソグラフィ，火災報知機，証明書の偽造防止などに利用されている．

《 174 》

2話 紫外線の健康被害は？

　人間が太陽の紫外線に長時間さらされると，皮膚，眼，免疫系へ急性もしくは慢性の疾患を引き起こす可能性がある．

　UVA は太陽からの紫外線の 99 ％を占める．波長が長いので肌の真皮にまで到達し，肌のハリ，弾力に大切なコラーゲン線維を切断させ，シワやたるみ（光老化）の原因になる．一度破壊されたコラーゲン繊維は回復しない．また，皮膚の細胞を遺伝子レベルで傷つけ，皮膚の免疫力も低下させる．UVA は UVB と比べて大気中での減衰が少なく，UVB の減少する冬期や朝夕でも比較的多く降り注いでいる．UVA は SPF テストで測定することができない．

　UVB は日焼けのうちサンバーンを引き起こし，皮膚がん発現のリスクを伴う．生物の DNA は吸収スペクトルが 250 nm 近辺にある．DNA に紫外線が照射されると DNA を構成する原子が励起される．この励起は DNA 分子を不安定にして，らせん構造を構成する「はしご」を切り離して隣接する塩基同士で二量体を形成する．この二量体が DNA 配列の不正配列，複製の中断，ギャップの生成，複製や転写のミスを発生させる．それにより正常に遺伝子が機能しなくなった場合にがん等の突然変異を引き起こす．

　紫外線照射に対する生体の防御反応として，人間の体では茶色の色素のメラニンを分泌して皮膚表面に沈着させることにより，それ以上の紫外線の皮膚組織への侵入を防ぎ，より深い皮膚組織へのダメージを軽減させようとする．この分泌度は人種によって異なっているため，皮膚の色の違いによる人種の区別をもたらしている．

　図 10-2 に紫外線による健康被害を示す．強度の強い UVB は眼に対して危険で，雪眼炎（雪目，雪眼）や紫外眼炎（電気性眼炎），白内障，翼状片になる可能性がある．白内障は眼のレンズの役割をする水晶体が濁るため，網膜まで光が届かなくなり，見え方が低下する病気である．

　地表面での紫外線の反射の割合は，地表面の状態により大きく異なる．草地やアスファルトの反射率は 10 ％程度，砂浜では 25 ％，新雪では 80 ％にも達する．直射日光だけでなく反射光の対策も必要である．

　保護メガネは紫外線にさらされる環境で働く場合（電気溶接作業）や雪山やスキー場のゲレンデなどでは有効である．保護メガネで覆われていない横から目に入る紫外線を防止するために，ゴーグル状の完全に覆われた保護メガネを使用したほうが

リスクが減少する．通常のメガネは，わずかの保護効果がある．ガラスは UVA に対して透明であるのに対し，プラスチックは通過率がガラスより低いため，プラスチックレンズは，ガラスのレンズより保護効果があり，材質（ポリカーボネートなど）によっては，ほとんどの紫外線が防げる場合もある．ただし，レンズ以外の経路を経由した紫外線からは目を完全に守ることはできない．上部からの紫外線の侵入を減らすため，外出時はつば付きの帽子の併用が奨められる．ほとんどのコンタクトレンズは紫外線を吸収し網膜を保護する．

市販の日焼け止めローション・クリームは紫外線の進入を防ぐ効果を利用している．これらの製品では，「SPF 値」「PA」と呼ばれる紫外線防御効果が記載されている．SPF 値は主に日焼けの原因である UVB の遮断率を表している．SPF25 の場合は，無対策の場合と比較して紫外線が 1/25 になり，SPF100 は 1/100 になる．PA は +（効果がある），++（効果がかなりある），+++（効果が非常にある），++++（効果が極めて高い）の 4 段階で表記される．PA が SPF と異なり，数値で表記されないのは，UVA のブロック率を評価する良い分析法が存在しないためである．

図 10-2 紫外線による健康被害

> **まとめ**　紫外線のうち UVA は深く皮膚の中に浸透し，コラーゲン繊維を徐々に破壊する．UVB は日焼けを引き起こし，皮膚がんや白内障のリスクを伴う．DNA に紫外線が照射されると，DNA 配列の不正配列，複製の中断，複製や転写のミスを発生させる．それにより正常に遺伝子が機能しなくなった場合にがんなどの突然変異を引き起こす．

3話　紫外線の殺菌作用は？

　紫外線は効果的な殺ウイルス，殺菌効果がある．紫外線ランプは生物学研究所，医療施設，食品加工施設，製薬工場などで場所，道具，食品などの殺菌のために使用される．市販の低圧水銀ランプは 254 nm の紫外線を 86% 放射する．LED，高圧水銀ランプ，無電極ランプ，キセノンランプなど新しい光源が登場し，用途も広がっている．また，紫外線と光触媒の組合せによる新しい殺菌方法も注目されている．

　細菌を含めたすべての生物の細胞内には，遺伝情報をつかさどる DNA がある．この DNA が次々とコピーされ細胞分裂を繰り返して増殖する．紫外線はその細胞に吸収されて DNA の遺伝コードを破壊する．図 10-3 に紫外線による DNA 破壊のモデルを示す．正しい DNA コードをなくした細菌は代謝・増殖が正常にできなくなり，死に至る．紫外線殺菌について，菌が「不活化」するという表現が使われる．

　紫外線殺菌に必要な紫外線の量は菌種や形態，存在する環境によって違い，菌ごとに一覧表化されている．この一覧をもとに，紫外線ランプが放出する紫外線量から照射秒数を割り出して，合理的に紫外線殺菌を行うことができる．300 nm 以下の波長域の紫外線であれば殺菌効果があるが，DNA に吸収されやすい波長のピークは 265 nm である．ピークに近い 254 nm の紫外線を発光する低圧水銀 UV ランプが主に使用されている．ランプに使用されるガラス管は紫外線を透過する必要があるため，特殊ガラスや石英ガラスが用いられる．

　紫外線殺菌は，菌に耐抗性を作らない，対象物にほとんど変化を与えない，処理時間が短い，残留しないなどの長所がある．一方，対象が表面に限られる，光を遮るものがあると効果がない，殺菌後に細菌の死骸が残る，水銀ランプが主流のため環境負荷が大きい，殺菌効果が持続しないなどの短所がある．

　紫外線の殺ウイルス，殺菌効果を利用して，海外では，これを排水処理施設や上水道の殺菌処理に使用されている．日

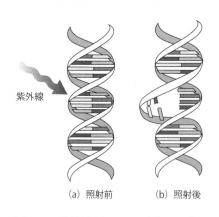

(a) 照射前　　(b) 照射後

図 10-3　紫外線による DNA 破壊のモデル

本では塩素による殺菌を行っているが，トリハロメタン等の発ガン性物質の生成が問題となり，紫外線による消毒が注目を浴びている．

消費者による新鮮もしくは新鮮に近い食品の要求により，食品加工手法に非加熱的な方法が求められている．紫外線は，不要な微生物の除去のために，食品生産において使用されている．例えば，フルーツジュースの低温殺菌工程では，紫外線が照射されている．この工程の効果はジュースの紫外線吸収度に依存する．

紫外線を用いた害虫駆除装置が羽虫などの昆虫駆除に使用されている．紫外線（誘虫灯）により引き寄せられてきた昆虫は，装置の電気ショックで死亡するか，罠により捕獲される．

医療における診断・治療でも皮膚科を中心に広く使用されている．また，研究用には紫外線殺菌灯下での作業や遺伝子検査などでの利用がある．そのほか病院などの施設でのスリッパの殺菌用の照射装置の利用や給食施設などでの室内殺菌用に紫外線ランプの利用がされている．温泉やプール，そのほか岩盤浴・スーパー銭湯などにおいてレジオネラ菌などを滅菌するために塩素消毒の併用のもとで UV-C 領域の紫外線照射殺菌装置が利用されている．一方，医療施設における院内感染の防止の目的に紫外線照射することは効果が不確実であるだけでなく，作業者への危険性もあることから，単に病室等を無菌状態とすることを目的として漫然と実施しないこととされている．

防護のためには，ランプの適切な設置が不可欠であり，最近の実験キャビネット用殺菌用紫外線ランプでは照明用ランプとスイッチが連動し，誤って実験中に紫外線ばく露されないような工夫がなされている．殺菌用室内灯も天井方向に設置され，誤って作動しても直接作業者に照射されないような設置がなされている．

(ま)(と)(め)　紫外線が細菌やウイルスに照射されると，細菌などの DNA の遺伝コードが破壊し，代謝・増殖が正常にできなくなり死に至る．DNA に吸収されやすい波長のピークは 265 nm で，市販の低圧水銀ランプは 254 nm の紫外線を放射する．紫外線ランプは生物学研究所，医療施設，食品加工施設，製薬工場などで殺菌のために使用されている．

4話 紫外線式火災報知器とは？

紫外線式火災報知器は火災の炎から放射される紫外線を検知する．感度が非常に敏感で検知速度が速い利点がある．炎検知器は炎から発せられるさまざまな波長をとらえるため，離れた場所や横方向・斜め方向などからでも火災を検知できる．ただし，家具の影などで炎が感知エリア外の場合は検出できない．図 10-4 に紫外線式火災報知器と監視範囲を示す．太陽光や高温熱源から発せられる波長を区別し，炎の特有な特徴をとらえて火災の判断を行う必要がある．

紫外線センサは金属の光電効果とガス増倍効果を利用したものである．感度波長範囲は 185 〜 260 nm と紫外域のみに感度があるため，可視光カットフィルタを使う必要がない．小型だが板型陰極を採用しているため，高い感度と広い視野感度特性を持っている．炎から放射される微弱な紫外線（例えば，5 m 離れたライターの炎）を素早く確実に検知できる．消費電流がほかの方式よりも多く，電池での長期間の駆動は困難である．

赤外線式火災報知器は炎から放射される赤外線を検知する．赤外線の中で波長 4.0 〜 4.4 μm の波長帯を検知し，炎特有のゆらぎ（1 〜 10 Hz）と組み合わせることで高温熱源等による非火災報を減らすことができる．この領域の波長は炎に特有の二酸化炭素共鳴放射とそのゆらぎによるものである．

炎検知器は，検知部の汚れや空気中の粉塵，ガス等の設置環境による感度低下が少ない方式である．また両者の特徴を合わせた製品として，紫外線，赤外線のいずれかが感知された場合に警報が鳴るタイプの機種もある．

現在広く普及している火災報知器には熱センサと煙センサが使われている．熱センサとしては，差動式，スポット型，分布型，定温式がある．差動式は周囲の温度上昇率，スポット型はスポットの熱効果，分布型は広範囲の熱効果の累積，定温式は温度が一定以上になったときに火災信号を発する．

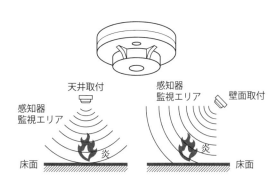

図 10-4　紫外線式火災報知器と監視範囲

第 10 章　紫外線　《 *179* 》

煙センサとしては，光電式，スポット型，分離型がある．光電式は周囲の空気が一定濃度以上の煙を含む場合，スポット型はスポットの煙が一定濃度以上の煙を含む場合に火災信号を発するものである．光電式分離型感知器は送光部の感知器と受光部の感知器間の光ビームが，煙によってさえぎられることで感知する．煙の発生源と感知器が 100 m 離れていても感知が可能である．

　煙センサは熱センサ式に比べて火災を早期に発見するために有効で，寝室，階段，廊下などに設置される．　光電式は光の乱反射を利用して煙を感知する方式で．日本では煙感知器の主流となっている．熱センサは調理などで煙や水蒸気が発生する台所で，非火災報を懸念する場合に適している．熱センサは火がある程度の大きさになり，熱センサの周囲温度が上がらないと反応しないため，火災の発見が遅くなる欠点がある．一酸化炭素検知式は燃焼に伴って発生する一酸化炭素をセンサで検出する．ほかの方式と比較して換気不足による不完全燃焼なども検知できる．

　火事のときには一刻も速く，火に気づき消火することが大切である．火災報知器の感知器の火事を感知する方法には熱，煙，炎を感知する方法がある．一番速い方法は炎センサで，光の感知である．炎の出す光にはほかの光と違う特有の波長が出る．そのうちの赤外線や紫外線を感知して火事の発生を知らせる．火災の原因として，放火，もしくは放火の疑いのある場合も多い．放火はいつどこで起こるかわからない．放火のための種火を瞬時にとらえることが重要で，屋外設置可能な炎センサが有効である．

　複数の警報器を相互に配線して，いずれかの警報器が感知したときに，すべての警報器が鳴動する連動型と呼ばれるタイプの警報器もある．警報器間の配線が必要になるが，警報器が設置された各部屋に一斉に知らせるため，離れた部屋の火災がより早期に発見できるメリットがある．主に新築住宅で，設計段階から配線を考慮した上で採用される．

　㋔㋣㋱　　紫外線式火災報知器は炎から放射される波長が 185 ～ 260 nm の紫外線を検知する．感度が敏感で検知速度が速い．離れた場所や斜め方向からでも火災を検知できるが，家具の影などは検出できない．現状は煙センサや熱センサ式火災報知器が多いが，より早期に検出できる紫外線式や赤外線式の火災報知器が注目されている．

5話　UV印刷とは？

　UV印刷とは速乾性のあるUVインキを使用し，紫外線（UV）を照射することで，インキを強制的に硬化して乾燥する印刷手法である．瞬間乾燥により印刷工程を短くし，乾燥しにくい特殊素材への印刷が可能になる．

　通常の油性印刷は，空気に触れて酸化重合して固まる油性インキを使用し，裏面の印刷や後加工のために，半日から1日はインキを乾燥させる必要がある．UV印刷は，紫外線をあてると瞬間的に乾燥するため，すぐに裏面の印刷や後加工を行うことができる．また，PP・PET・アルミ蒸着紙など，通常の油性印刷では刷ることが難しい特殊な素材への印刷も可能である．アルミ蒸着紙とは，紙をベースに金属の蒸着膜を堆積させたもので，金属箔と同等の外観を持ちながら紙の特性を持つ．この特殊な紙にUVインキで印刷できる．クリアファイル・パッケージ・ラベルなどさまざまな用途に利用できる．

　UV印刷ではUVインキを使う．UVインキは顔料をアクリル酸エステルのモノマーやオリゴマーにワックスなどの助剤で分散させ光重合開始剤を添加したものである．図10-5にUV印刷のプロセスを示す．印刷するメデイアにUVインキを塗布し，これに紫外線を照射すると，光重合開始剤が働いてアクリル酸エステルが次々に結合して高分子体（アクリル樹脂）になるので瞬間的に硬化し，メデイア上に顔料を含んだアクリル樹脂皮膜が形成される．

　UV印刷ではインキを強制的に硬化させるので皮膜強度が強く裏移りのトラブルがない，瞬間硬化で生産性向上，短納期に貢献できる，インキ皮膜の摩擦や日光堅牢度が優れる，油性印刷に使用されているパウダーが不要，変色や褪色が少ない，UVニスの効果で光沢度が上がる，溶剤を含んでいないのでVOC（揮発性有機化合

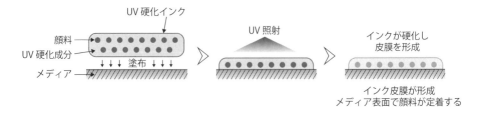

図 10-5　UV 印刷のプロセス

物）はゼロである，熱乾燥と比較して省エネルギーであるなどのメリットがある．

　UV 印刷のデメリットは，UV インキにアクリル樹脂を使用しているので，それを瞬間的に硬化させる際に折り目が剥がれてひび割れが生じやすい．また，UV ランプ価格やインキ価格が高い，暗色，厚膜や影の部分の硬化性が劣る，硬化時のインキ皮膜の収縮率が大きく接着不良を発生しやすい，硬化時のインキ皮膜の収縮率が大きく接着不良を発生しやすい，瞬間硬化のためレベリング不良となりやすく光沢が劣る，温度に対するインキ粘度の変化が大きいなどがある．これらの UV 印刷のデメリットに対して，最近は技術的な改良が進んでいる．

　近年 LED を用いた UV 印刷が登場した．LED-UV 印刷が UV 印刷と違うのは UV 照射のランプに LED を採用している点である．従来の UV ランプに比べ，切り替えが瞬時にできるので，すぐにセットアップできる．LED の UV ランプは寿命が長く消費電力も少ないが，ランプ自体の単価が高い．また，従来の UV 印刷では有害なオゾンが発生するので排気ダクトが必要だが，LED-UV 印刷では必要ないなどの利点がある．

　最近，フルカラーの 3D プリンターに UV 印刷が登場した．従来のフルカラーの 3D プリンターは石膏タイプのものが多い．しかし，石膏は材質がもろく表面もザラザラであった．しかし，3D の UV プリンターは三次元物体へのフルカラー印刷が可能である．インクジェット印刷の技術を応用し，**図 10-5** のように吹き付けた UV インクを UV 硬化することで凹凸のある物体への印刷を可能にする．

　ま と め　　UV 印刷は速乾性のある UV インキに紫外線を照射することで，インキを強制的に硬化乾燥する印刷手法である．工程が短く乾燥しにくい特殊素材への印刷ができる，皮膜強度が強く変色や褪色が少ない，裏移りのトラブルがないなどのメリットがある．最近，フルカラーの 3D プリンターに UV 印刷が登場した．

コラム

日焼け

近年フロンガスなどオゾンを破壊する化学物質のために上空のオゾン層が減少したために，紫外線による健康被害が増大していると言われている.

日焼けは紫外線を浴びることによる皮膚のやけどである. 同じ場所で日光を浴びても人によって皮膚の反応のタイプが違う. 日光を浴びると，すぐに皮膚が赤くなる人（Ⅰ），すぐには赤くならないで数日後に褐色になりやすい人（Ⅲ），その中間の人（Ⅱ）に分けられる. 日本人は（Ⅱ）のタイプの人が半分以上を占めている. 通常は日光を浴びて数時間経つと皮膚が赤くなるが，数日後は赤みが消えて褐色になる. この変化は皮膚にある色素細胞にメラミンの量が増えたためである. 皮膚のタイプが（Ⅰ）の人はメラミンの量があまり増えないのであまり黒くならず，黒くなっても早く元の皮膚に戻る.

日焼けして皮膚が赤くなるのは，生理活性物質サイトカインの一種が皮膚の角化細胞でつくられ血管を広げて血液量が増えるためである. さらに，皮膚組織のDNAに傷がつくために皮膚が赤くなる. DNAに傷がついても皮膚の細胞は酵素の働きで傷を修復する機能を持っている. ところが，強い紫外線を多量に浴びると傷を修復する酵素の働きが追いつかずに，傷が多く残ったり不適切に修理されたりして突然変異が起こる確率が高くなる. 突然変異が起こるとガンの発生につながる. また，紫外線によって発生した活性酸素が皮膚ガンの発生を助長する.

世界では赤道付近の地域では紫外線が強いので皮膚ガンの患者が多い. また，高度が1000ｍ上がると皮膚ガンの患者が10％近く上昇すると言われている. 標高の高いチベットでは皮膚ガンの患者が多い. オーストラリア人は白人系でタイプが（Ⅰ）の皮膚の人が多く皮膚ガンが多い. 北東部のクイーンズランドでは人口10万人あたり毎年1000人の皮膚ガン患者が出ている. 日本人の場合は，人口10万人あたり5〜50人である. このうち北の方の地域では患者数は少ないが沖縄では50人と最も多い.

第 **11** 章

X 線と γ 線

X 線は波長が 1pm 〜 10 nm 程度の電磁波で放射線の一種である．電子線を加速して金属のターゲットに衝突させると X 線が発生する．γ（ガンマ）線は波長が 10 pm よりも短い電磁波で放射線の一種である．原子核が余分なエネルギーを持つと γ 線を放出する．γ 線は透過性が強く，鉛や厚い鉄板でないと遮へいできない．この章では，X 線や γ 線の医療への応用についても紹介する．

1話 X線とは？

X線とは波長が 0.001 〜 10 nm 程度の電磁波で，放射線の一種である．この波長は紫外線よりは短く，一部重なるがγ線よりは長い．

X線の発生には**図 11-1**のような X 線管球を用いる．真空中にわずかの気体を入れて高電圧（30 keV 程度）をかけ，フィラメント（陰極）から加速した電子ビームをターゲットの銅などの金属に衝突させる．金属原子からは衝突のエネルギーで 1s 軌道の電子が弾き飛ばされる．すると空になった 1s 軌道に，より外側の軌道（2p, 3p 軌道など）から電子が遷移するため放出される電磁波が X 線である．このとき，軌道のエネルギーの差（例えば，1s と 2p 軌道）で電磁波の波長が決まるので，X 線の波長（特性 X 線）が決まる．X 線管球からは，電子の制動放射による連続 X 線と輝線スペクトルである特性 X 線からなる．連続 X 線は医療用や工業用の透過光源として，特性 X 線は回折現象を利用した結晶構造の解析などに用いられる．

X線は人間には検知できないため，X 線と物質との相互作用を利用して検知する．比例計数管やガイガー計数管は X 線が計数管内部にある希ガスや固体に衝突すると多くの電子を放出するので，その量を検出する．X 線フィルムは写真と同様に X 線用の感光フィルムに感光させる．

X線は電磁波の一種なので，透過と吸収がある．X 線撮影は X 線の透過性を利用し体の内部構造や飛行場の手荷物検査などに使われる．X 線透過性の大小は，一般に原子番号，密度，厚さが大きいほど透過性が悪くなる．X 線が透過してきたものを「黒」，透過しないところを「白」で表現したものが X 線写真である．

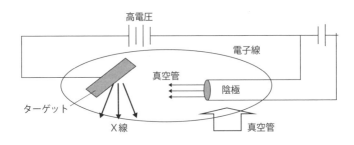

図 11-1 X 線管球の概念図

第 11 章　X 線と γ 線　《 185 》

　蛍光 X 線分析は，X 線を物質に照射し発生する固有の蛍光 X 線を利用する方法である．蛍光 X 線とは，照射した X 線が物質構成原子の内殻電子を外殻にはじき出し，空いた空孔に外殻電子に落ちてくるとき，余ったエネルギーが電磁エネルギーとして放射されたものである．蛍光 X 線は，元素固有のエネルギーを持っているので，そのエネルギーからどんな元素が含まれているかという定性分析，そのエネルギーの X 線強度（光子の数）から定量が可能になる．例えば水道水から有害金属成分がどの程度含まれているか ppb（10 億分の 1）の濃度まで測定できる．

　宇宙には数億度という超高熱現象があるので X 線が宇宙を飛びかっている．ところが地球の周りには酸素やオゾンなどの大気があって吸収されるので最近までは X 線が観測されなかった．1962 年に大気圏外にロケットを打ち上げて観測したところ，予想よりもはるかに多く X 線源があることがわかった．銀河系内ばかりでなく銀河系外からも X 線を発する天体があることがわかった．X 線や γ 線を放出するのは，星の爆発やブラックホールなど，数万度から数億度というきわめて温度の高い極限状態での現象である．これらの観測により X 線天文学という学問領域ができあがった．

　X 線は波の一種なので回折することを利用して結晶構造の解析に利用されている．例えば，銅の特性 X 線の Kα 線の波長は 0.154 nm で，これが結晶の格子間隔と近いのがその理由である．無機化合物だけでなく，タンパク質の構造の決定にも応用されている．普通の X 線管球に比べて桁違いに強力な X 線源としてシンクロトロン放射光（SOR）がある．兵庫県にある放射光実験施設（Spring-8）では 2.6GV の加速電圧で 1 万倍も高輝度なため結晶の格子定数を 10^{-7} nm の桁まで高精度で測定できる．また，感度が高くノイズも少ないので，通常の測定では不可能な動的現象の追跡，極微量成分の検出，生体構造の解明もできる．

　ま と め　　X 線は波長が 1 pm ～ 10 nm 程度の電磁波で放射線の一種である．陰極から加速した電子ビームをターゲットの金属に衝突させると 1s 軌道の電子が弾き飛ばされ空になった 1s 軌道に外側の軌道から電子が遷移するため X 線が放出される．連続 X 線は医療用や工業用の透過光源に，特性 X 線は回折現象を利用した結晶構造の解析などに用いられる．

《 *186* 》

2話　X線の医療への応用は？

　放射線のもつ物質透過力や写真作用は，病気の診断に日常的に利用されている．たとえば体にX線を照射して，体を通り抜けたX線を写真撮影して体の中の様子を調べることができる．胸部のX線撮影は装置及び技術の発展が進んで肺がんの早期発見に重点が移っている．胃のX線検診も胃がんなどの発見に役立っている．X線を一方向から照射し，胸の中の空気を利用してその反対側にあるフィルム上に患部を濃淡で写しだすものが単純X線撮影である．蛍光増感紙を用いれば感度が上がり明瞭な画像を得ることができる．しかし，X線の透過がほとんど変わらない患部はフィルムの濃淡ではとらえられないことがある．このような場合には造影剤を使うとX線の吸収の差を強調することができる．造影剤にはバリウム（硫酸バリウム）が主に用いられるが，胆道系や血管の検査にはヨウ素剤（ヨウ化カリウム）が用いられる．バリウムはX線を透過しにくいので胃の内壁に付着し，コントラストがついた胃の形や動きを検査することができる（X線造影検査）．また，ヨウ素剤もX線を透過しにくいので血管内に注射すると血管そのものを写しだすことができる（血管造影検査）．気管支，関節，脊髄，胆のうなどの患部の造影検査も有効である．バリウムやヨウ素剤のような造影剤を陽性造影剤，空気，酸素，二酸化炭素のような造影剤を陰性造影剤という．

　これらのX線撮影で得られるものは二次元の画像であるため，重なり合った各臓器を一枚のフィルムでは識別できない．そこで，X線CT検査と呼ばれるさまざまな方向からX線を照射して体の横断画像をブラウン管に画きだす方法が開発された．これにより，臓器の重なりがなくなり，より小さな異常をとらえることができる．

　さらに，体の軟組織の間の密度差を写しだす方法としてコンピュータラジオグラフィ（CR）が開発され，フィルムでは見つからなかった異常を見つけだすこともできる．また，連続回転型管球と移動する寝台を組み合わせ，広い範囲を一時に走査できるようにしたスパイラルCTが開発され，肝臓や肺などの大きな臓器も瞬時に撮影できる．体の正面から輪切りにした像と体の側面から輪切りにした像とを組み合わせて三次元画像を得ることができる．**図11-2**はX線CTおよびX線スパイラルCTの構成を示している．（a）のX線CTでは，マニプレータで試験体を回転させて撮影する．（b）のX線スパイラルCTでは，マニプレータで試験体を回転さ

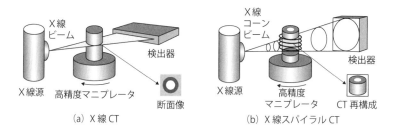

図 11-2 X線CTとX線スパイラルCTの原理

せるとともに寝台をスパイラルに移動して撮影する.

　MRI検査とは，核磁気共鳴現象を利用して強い磁石と電波を使って体内の状態を断面像として描写する検査である．体内には水素原子が多く含まれているので，水素の核が持つ弱い磁気を強力な磁場でゆさぶり原子の状態を画像にする．検査としては患者がベッドに仰向けに寝た状態で磁石の埋め込まれた大きなトンネルの中に入り，FM領域の電波を身体に当てることによって，体の中から放出される信号を受け取りコンピュータで計算することで，体内の様子を画像として表わす．特に脳や卵巣，前立腺等の下腹部，脊椎，四肢などの病巣に関して検査能力が高い．

　X線CTでは骨と臓器との吸収率の違いは明瞭であるが，体内の水分と臓器とのX線の吸収の差があまりないことから造影剤を用いないと区別がつかない．軟部組織の組成の違いを検査するのに有効なのがMRI検査である．X線CTでは体内の広い範囲の撮影に有効で，詳細はMRI検査で行うという使い分けがなされている．ただ，X線CTでは放射線の被曝があるので，むやみに検査すべきではない．MRI検査は強力な磁場中で行うので懸念する人もいるが，強力な磁場でも磁場のエネルギーは身体に害を与えるレベルではない．

まとめ　X線の透過力や写真作用を利用して体中の異常を調べることができる．X線の透過があまり変わらない臓器にはバリウムやヨウ素剤を用いて気管支，関節，脊髄，胆のうなどの造影検査がされている．連続回転型管球と移動する寝台を組み合わせたスパイラルCTでは臓器を撮影し，体を輪切りにした像を組み合わせて三次元画像を得ることができる．

3話 γ線とは?

γ（ガンマ）線は波長がおよそ 10 pm よりも短い電磁波で, 放射線の一種である. 原子核が余分なエネルギーを持つとそのエネルギーを電磁波として核外に放出するのが γ 線である. 余分なエネルギーを持った原子核の典型が放射能を持った核種である. γ 線はエネルギーの高い電磁波で, X 線とのエネルギーの違いによる区別はできない. X 線は原子核の外側で発生するので「原子核外起源の電磁波」で, γ 線は原子核の中から放出されるので「原子核内起源の電磁波」である.

放射性核種が出す γ 線は, エネルギーが決まっているので γ 線のエネルギーを測ると放射性核種が推定できる. γ 線を放出する放射性核種として, コバルト 60, ストロンチウム 90, ヨウ素 131, セシウム 137 などがよく知られている. このうちヨウ素 131 は β 崩壊（半減期 8.02 日）して準安定のキセノン 131 となり, それが γ 線を放出して安定なキセノン 131 となる. セシウム 137 は β 崩壊（半減期 30.1 年）して準安定のバリウム 137 となり, それが γ 線を放出して安定なバリウム 137 となる. いずれも東京電力福島第一原子力発電所の事故のときに大きな話題になった核種である. ヨウ素 131 は半減期が短いので事故当初に甲状腺ガンのおそれがあるとされ, セシウム 137 は半減期が長く土壌などに吸着して放射能汚染の中心的核種として現在も問題が続いている.

γ 線の測定には, 主にヨウ化ナトリウム（NaI）シンチレーション検出器, または, ゲルマニウム（Ge）半導体検出器を使う. ガイガーカウンターでも γ 線を測定できるが, 放射性核種を正確に定量する目的には, 通常使わない. 測定の単位はベクレル（Bq）で, 1 秒間に 1 個壊変する放射性核種の量を 1Bq と定義する.

主な放射線として, α 線, β 線, γ 線がある. α 線は不安定核のアルファ崩壊にともなって放出される. 高い運動エネルギーを持つヘリウムの原子核で He^{2+} と表示される. β 線はベータ崩壊に伴って放出される電子線である.

放射線は種類によって透過性が異なる. **図 11-3** に α 線, β 線, γ 線の透過性の違いを示す. α 線は紙一枚で遮へいすることができる. β 線はアルミニウムの板やプラスチック板で, γ 線は鉛や厚い鉄板で遮へいすることができる. 透過性は γ 線 ＞ β 線 ＞ α 線の順となる. 遮へいがない状態だと α 線は約 3cm 飛ぶ. β 線は α 線以上に飛び, γ 線は β 線以上に飛ぶ. α 線, β 線, γ 線の危険性は, 物質が生体内にあるか生体外にあるかで違ってくる. 放射性物質が生体外にあるとき, α 線では

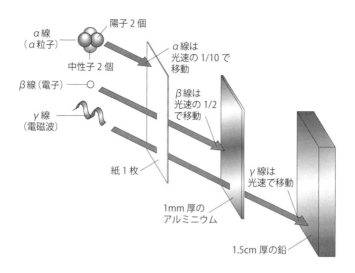

図 11-3　α 線，β 線，γ 線の透過性の違い

数 m 離れていれば届かないので安全である．もっと離れれば β 線も届かない．しかし，γ 線は遠くまで透過してしまうため，放射性物質からかなり距離を置いたとしても安心できない．つまり，生体外に放射性物質があるときの危険性は γ 線＞ β 線＞ α 線の順となる．次に飲み込み等によって生体内に放射性物質があるとき，γ 線は透過力が強いため周りの細胞にあまり影響せずに透過してしまう．それに対し α 線は周りの細胞にぶつかり，多大な影響を及ぼす．そのため，生体内に放射性物質があるときの内部被曝の危険性は，α 線＞ β 線＞ γ 線の順となる．

> (ま)(と)(め)　γ 線は波長が 10 pm よりも短い電磁波で，放射線の一種である．原子核が余分なエネルギーを持つとそのエネルギーを電磁波として核外に放出するのが γ 線である．γ 線の測定には，NaI シンチレーション検出器か Ge 半導体検出器を使う．γ 線は透過性が強く，鉛や厚い鉄板でないと遮へいできない．

《 190 》

4 話　γ線の医療への応用は？

γ線はその強いエネルギーと透過力を利用して医療に応用されている．画像診断やがんなどの放射線療法に利用されている．

コバルト 60 などのγ線は人体の深部まで透過するのでがんの放射線治療に広く使用されている．γ線を含むがんに対する放射線治療の外科療法や化学療法との比較を表 11-1 に示す．がん細胞のように細胞分裂の盛んな細胞は，放射線感受性が高いので効果が大きい．放射線によるがんの治療の中で最も一般的なのは体外照射法である．この場合，コバルト 60（^{60}Co, 半減期：5.27 年），イリジウム 192（^{192}Ir, 半減期：73.8 日）などから放出される強力なγ線が用いられる．γ線照射装置で注目されているのがガンマナイフである．周辺の正常細胞を壊さずにγ線を患部に集中的に照射できるのが特長である．その原理は，凸レンズで光を一点に集めるように ^{60}Co 線源から放出されるγ線を集めて患部に照射するもので，その鋭利さからナイフにたとえられている．

放射性同位元素（RI）から出る放射線を使って病気を体内または体外から診断する方法を RI 検査と呼んでいる．体内診断の場合，特定の臓器に集まりやすい医薬品に RI で標識をつけた放射性医薬品を用いる．放射性医薬品が検査したい特定の組織や臓器に取り込まれるとその部位から放射線が放出されるので，これをガンマカメラまたはシンチレーションカメラで撮影し，臓器の形を画像としてフィルムの上に写す．このような方法をシンチグラフィと呼ぶ．患部があれば放射性医薬品は

表 11-1　がん治療における放射線療法の位置づけ

	外科療法	放射線療法	化学療法
適用	早期がんから中期のがんまで 病変が局所的	早期がんから手術不能の局所進行がんまで 病変が局所に限定	主として転位がんが進行している場合 病変が全身に進展
長所	根治性が高い	機能と形態の欠損が小さい 全身への影響が少ない 早期がんでの治療成績は外科療法と同等	一般に病状が緩和し，延命効果がある場合もある
短所	機能と形態の欠損が大きい 部位，条件（患者の年齢，合併症など）により限定される	局所進行がんでは外科療法に比べて根治性に劣る	副作用が大きく全身への影響が大きい 根治性に劣る

出典：原子力百科事典ホームページ

正常な場合と異なる分布を示す．断層撮影やコンピュータを使った動画にもできるので，脳の血流や臓器の動きを詳しく知ることができる．放射性医薬品に用いられるRIには，特定の臓器や疾患に親和性が大きく半減期の短いこと，排泄の速いことが必要である．

透過力の大きい γ 線は画像診断を行うのに適している．たとえば，テクネチウム99 m（^{99}mTc，半減期：6時間），ガリウム67（^{67}Ga，半減期：3.2日），タリウム201（^{201}Tl，半減期：72.9日）のようなRIが，がんの骨転移，脳，心筋の血流状態のほか，甲状腺や肺，腎臓などの診断に使われている．

γ 線を出すRIを密封線源とし患部に埋め込んで治療する方法もある．線源に粒状あるいはワイヤー状の ^{192}Ir や金198（^{198}Au，半減期：2.69日）を用いるので，小線源治療ともいわれ，舌がん，食道がん，子宮がんなどに適用されている．密封線源を数時間から数日間，患部に置いておくことにより集中的に放射線の照射ができ，ほかの組織や臓器への影響が小さいのが利点である．

主にベータ線を放出する特定のRIをがんに集めて治療する方法（内用療法）もある．たとえば，ヨウ素131（^{131}I，半減期：8日）が甲状腺に集まる性質を利用して甲状腺がんやバセドウ病を治療するものである．骨に転移したがんによる痛みを和らげるためにストロンチウム89（^{89}Sr，半減期：50日）なども用いられている．最近，肉類や乳脂肪分が多い欧米並みの食生活になったため，年間14 000人以上が前立腺がんと診断されている．これにはヨウ素125（^{125}I，半減期：59日）の密封線源による放射線治療が行われている．

ⓜ ⓣ ⓜ 　 γ 線はその強いエネルギーを利用して放射線療法に利用されている．がん細胞のように細胞分裂の盛んな細胞は放射線感受性が高く効果が大きい．外科療法に比べて機能と形態の欠損が小さい．透過力の大きい γ 線は画像診断を行うのに適し，がんの骨転移，脳，心筋の血流状態のほか，甲状腺や肺，腎臓などの診断に使われている．

波のはなし
科学の眼で見る日常の疑問

定価はカバーに表示してあります.

2019 年 1 月 10 日　1 版 1 刷発行　　　　　　　ISBN978-4-7655-4484-9 C1040

著　　者	稲　場　秀　明	
発 行 者	長　　滋　彦	
発 行 所	技報堂出版株式会社	

〒101-0051　東京都千代田区神田神保町1-2-5

電　　話　営　　業 (03)(5217)0885
　　　　　編　　集 (03)(5217)0881
　　　　　Ｆ　Ａ　Ｘ (03)(5217)0886

振替口座　00140-4-10

U　R　L　http://gihodobooks.jp/

日本書籍出版協会会員
自然科学書協会会員
土木・建築書協会会員

Printed in Japan

©Hideaki Inaba, 2019

装丁：田中邦直　印刷・製本：愛甲社

落丁・乱丁はお取り替えいたします.

JCOPY ＜出版者著作権管理機構 委託出版物＞
本書の無断複写は著作権法上での例外を除き禁じられています. 複写される場合は, そのつど事前に, 出版者著作権
管理機構 (電話 03-3513-6969, FAX 03-3513-6979, e-mail:info@jcopy.or.jp) の許諾を得てください.

好評!! 稲場秀明先生の
"科学の眼で見る日常の疑問"シリーズ

　本シリーズは，日常のちょっとした疑問や普段何気なく見過ごしている現象を，科学の眼で見ることを意図して書かれたものです．日々身のまわりで起きる現象を高校生でもわかりやすく，なおかつ原理にまで遡って解説しました．

第1弾 『エネルギーのはなし』 A5・208頁

エネルギーとは？／石炭が世界で多く使われるわけ？／自家発電の役割？／次世代の太陽光発電？／原子力発電の仕組み？／エネルギー貯蔵とは？／燃料電池とは？／変電所の役割は？／ハイブリット車とは？／なぜ水素エネルギーが注目されるのか？／火力発電の環境への影響は？／日本におけるエネルギー消費の構造は？／人体のエネルギー収支は？／再生可能エネルギーの未来は？　ほか全84話．

第2弾 『空気のはなし』 A5・212頁

空気は何からできている？／二酸化炭素の増加でなぜ温暖化？／風はなぜ吹く？／空はなぜ青い？／森の空気はなぜおいしい？／換気はなぜ必要？／カーブはなぜ曲がる？／飛行機はなぜ飛べる？／動物はなぜ空気がないと生きていけない？／着火と消火にはどんな方法がある？／高山病になるのはなぜ？／太鼓を叩くとどうして音が出る？／地球以外の惑星に空気はある？　ほか全87話．

第3弾 『水の不思議』 A5・192頁

氷はなぜ水に浮くか？／霜や霜柱はどうしてできるか？／雲は何からできているか？／雪はどうして降ってくるか？／氷はアルコールに浮くか？／水と油はなぜ混ざらないか？／氷に塩をかけるとなぜ温度が下がるか？／洗剤で洗濯するとなぜ汚れが落ちるか？／海水はなぜ塩辛いか？／どんな水をおいしく感ずるか？／淡水魚と海水魚は水分と塩分をどのように調節しているか？　ほか全76話

第4弾 『色と光のはなし』 A5・190頁

光は波か粒子か？／池に落ちたゴルフボールはなぜ浅くに見えるか？／色は人の心の動きにどのような影響を与えるか？／コップの水は透明なのに海や湖の色はなぜ青いか？／色素と染料と顔料は何が違うか？／花火の色はどのようにして作るか？／果実は熟するとなぜ色づくか？／液晶カラーテレビの仕組みは？／ホタルはどのように光るか？／アジサイの花はなぜ変化するか？　ほか全70話